前言

当博士爸爸带着小帅驾驶房车驶出城市，车轮碾过田埂的那一刻，一场关于“粮食”的奇妙旅行便已启程。在《中国粮食地理》第一辑《跟着粮食去旅行》中，我们以 29 种粮食为向导，穿越平原与山地，对话农民与匠人，在袅袅炊烟与阵阵麦浪中，触摸中国粮食的温度与厚度。这套科普书不仅是父子俩的旅行日记，更是一封写给土地、写给历史、写给每一位读者的“粮食情书”。

粮食是中国的生命密码。中国是世界上最早种植水稻、粟的国家之一，粮食生产始终是这片土地的命脉。从东北平原的大豆，到江南水乡的籼稻，从黄土高原的小米，到青藏高原的青稞，29 种粮食作物如同 29 颗明珠，串联起我国“南稻北麦、东粮西牧”的地理格局。作为人口大国，我国以占世界 9% 的耕地、6% 的淡水资源，养育了近 20% 的人口，粮食产量连续多年稳定在 1.3 万亿斤以上。这份“中国饭碗”的底气，源于自然的馈赠，更源于世代农耕文明的积淀。

粮食是历史的“隐形书写者”。河姆渡遗址出土的炭化稻谷，将中国农耕史推至 7000 年前；战国时期的李冰治水让成都平原成为“天府之国”，奠定秦统一六国的物质基础；明清时期的“湖广熟，天下足”，标志着长江流域成为维系国家命脉的粮仓。从以“社稷”二字象征国家（“社”为土神，“稷”为谷神），到“民以食为天”的古训，粮食不仅塑造了中国的政治、经济版图，更融入了民俗文化——端午的粽子、中秋的月饼、腊八的杂粮粥，每一种食物都是一段历史的缩影。

"粮食安全是国之大者"。"手中有粮，心里不慌""中国人的饭碗任何时候都要牢牢端在自己手中"，习近平总书记的重要指示，道出了粮食安全对国家稳定的战略意义。近年来，我国实施"藏粮于地、藏粮于技"战略，建成10亿亩高标准农田，培育推广超级稻、耐盐碱新品种等，建立粮食储备与应急保障体系，以政策"组合拳"筑牢粮食安全防线。同时，"节粮减损"成为社会共识，从"光盘行动"到全链条减损技术推广，对每一粒粮食的珍惜，都是对"端牢饭碗"的有力回应。

给青少年的"粮食启蒙"。"四体不勤，五谷不分"曾是古人对脱离生产的批评，而今天，城市里的青少年对粮食的认知也日渐模糊。本书以"旅行+科普"的形式，让小帅（也让每位小读者）在东北黑土地上认识大豆的前世今生，在湖南了解人们在驯化和食用稻谷中显示的智慧，在陕西窑洞品尝糜子面馍的千年味道。我们希望通过故事化表达，让青少年不仅认识粮食，更能理解"一粥一饭，当思来处不易"，成为爱粮节粮的"小小践行者"。

本书的诞生，离不开多方支持。中国科协科普图书选题类项目为创作提供了核心指导，中华农业科教基金会支持的"科创中国"农户绿色储粮技术服务与科学普及项目，让专业知识得以转化为大众语言。在此，谨向两个项目的各位专家、组织者致以诚挚谢意。

感恩同行者。感谢在调研途中接待我们的农户、农业科研人员、非遗传承人，他们的故事与智慧是本书最鲜活的素材；感谢朱震、张自力、王颖、吴跃、潘治利等专家为本书赐予珠玉之言，其精辟见解和热忱推荐，不仅启思读者，更令本书添辉；感谢山西（忻州）杂粮出口平台有限公司、黑龙江省五常金禾米业有限责任公司、山西龙首山粮油有限公司、安徽燕之坊食品有限公司等匠心企业惠赠使用精美的大田、近照、原粮等实物图片，为本书增添了弥足珍贵的视觉注脚；感谢编辑团队在文字打磨、图文设计中的匠心付出；感谢插画师小树同学，以笔为杖，为本书精心勾勒出一幅幅独具匠心的原创图片，让科学的抽象概念变得鲜活灵动；感谢家人朋友的理解与鼓励，以及其他为本书

中国粮食地理丛书——第一辑

跟着粮食去旅行

刘明　主编

中国大百科全书出版社

图书在版编目（CIP）数据

跟着粮食去旅行：全三册 / 刘明主编 . -- 北京：
中国大百科全书出版社，2025. 8. --（中国粮食地理）.
ISBN 978-7-5202-1973-0

Ⅰ. S51-49

中国国家版本馆 CIP 数据核字第 20258X1X40 号

出 版 人 高世屹
责任编辑 王婵红
版式设计 博越创想
责任印制 魏 婷
出版发行 中国大百科全书出版社
地　　址 北京阜成门北大街 17 号
邮政编码 100037
电　　话 010-68363660
网　　址 http://www.ecph.com.cn
印　　刷 北京九天鸿程印刷有限责任公司
开　　本 710 毫米 ×1000 毫米　1/16
印　　张 17.5
字　　数 260 千字
版　　次 2025 年 8 月第 1 版
印　　次 2025 年 8 月第 1 次印刷
书　　号 ISBN 978-7-5202-1973-0
定　　价 108.00 元（全三册）

《跟着粮食去旅行》编委会

主　编

刘　明　国家粮食和物资储备局科学研究院　粮油加工研究所

副主编

董佳苹　国家粮食和物资储备局科学研究院　科技成果转化中心

方秀利　国家粮食和物资储备局科学研究院　科技成果转化中心

杨舟楠　国家粮食和物资储备局科学研究院　科技成果转化中心

编　委

徐思佳　国家粮食和物资储备局科学研究院　粮油加工研究所

姜　平　国家粮食和物资储备局科学研究院　粮油加工研究所

张维清　国家粮食和物资储备局科学研究院　粮油加工研究所

尹　鹏　国家粮食和物资储备局科学研究院　粮油加工研究所

杜传林　国家粮食和物资储备局科学研究院　中心实验室

倾注智慧与心血的各位专家学者，让这段“粮食之旅”得以圆满。

最后，由于笔者学识有限，书中对粮食历史、地理的解读或有疏漏，田野调查中的观察也可能不够全面，恳请读者朋友们批评指正。愿这套科普书能成为一座桥梁，让更多人走进粮食的世界，读懂中国的“根”与“魂”。

《中国粮食地理》编委会

主编：刘明

2025 年春

认一认

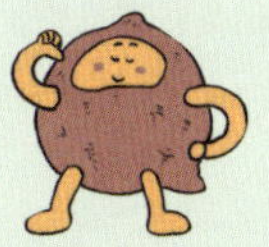

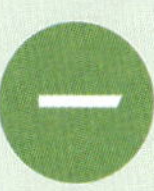

如此丰富多彩的粮食，你们都能认出来吗？认一认，答案在背面。

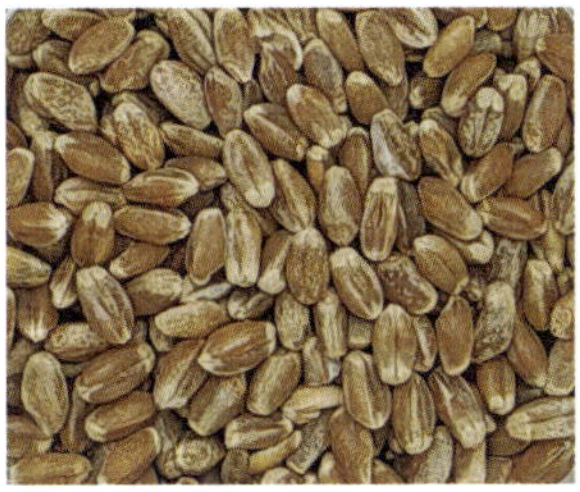

①

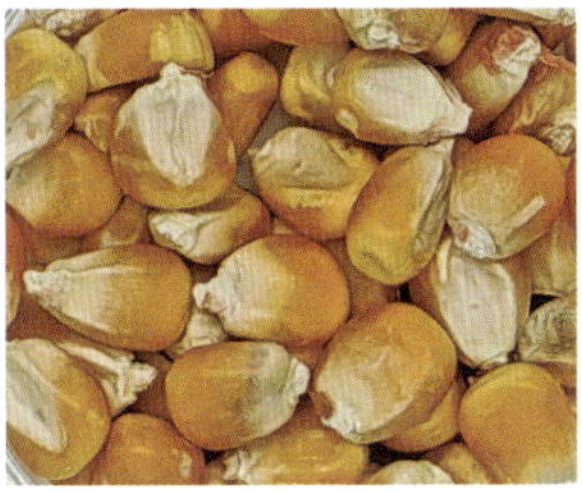

②

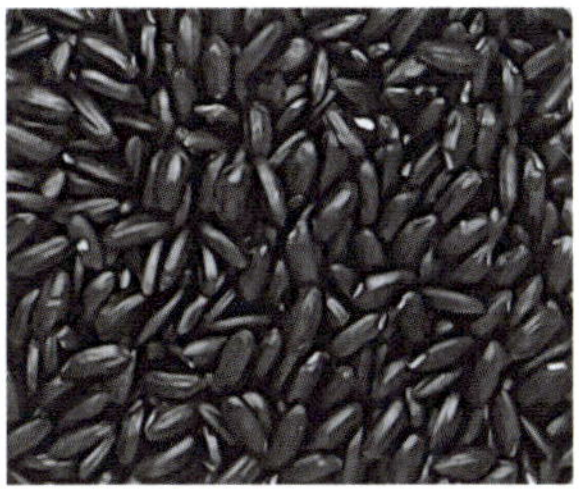

③

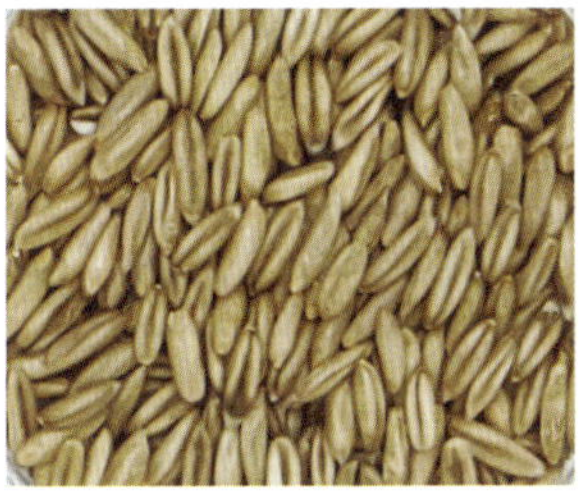

④

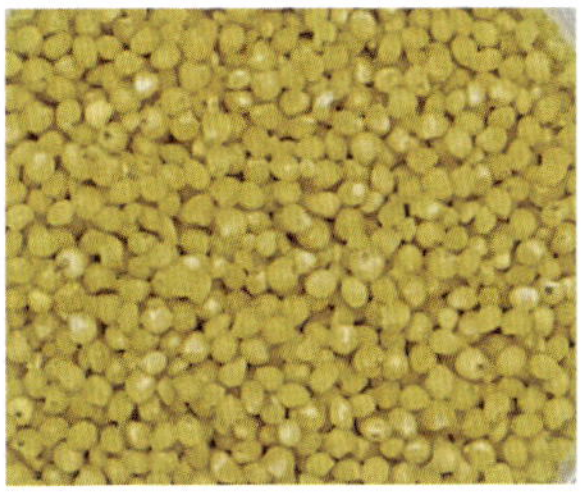

⑤

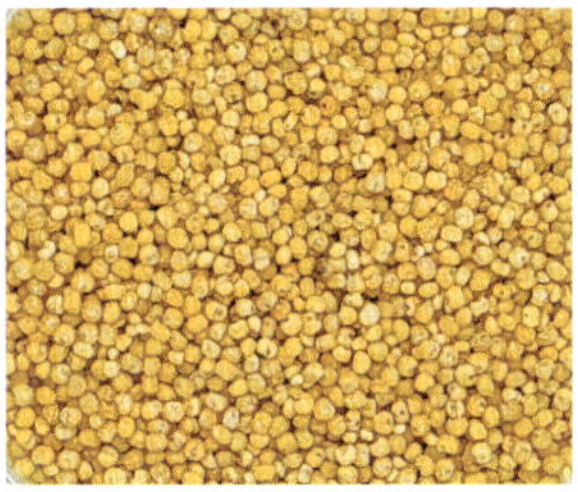

⑥

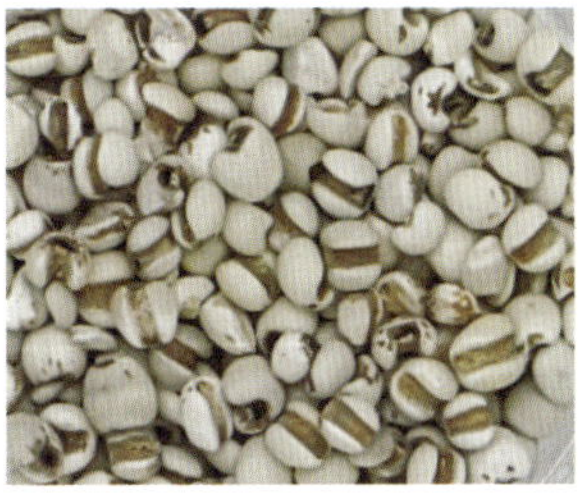

⑦

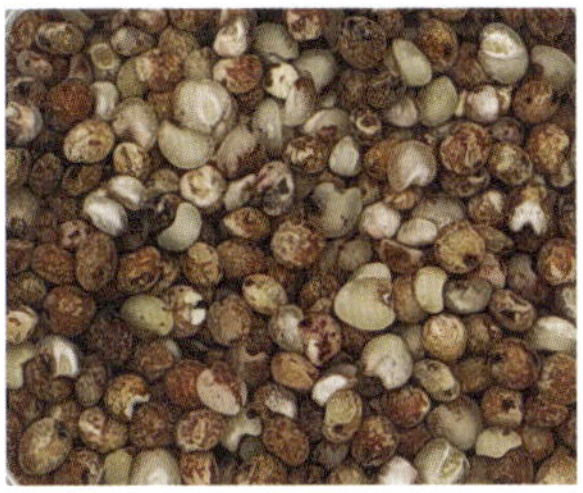

⑧

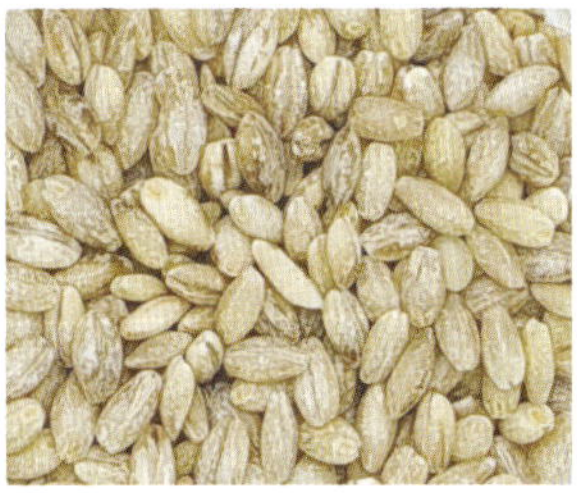

⑨

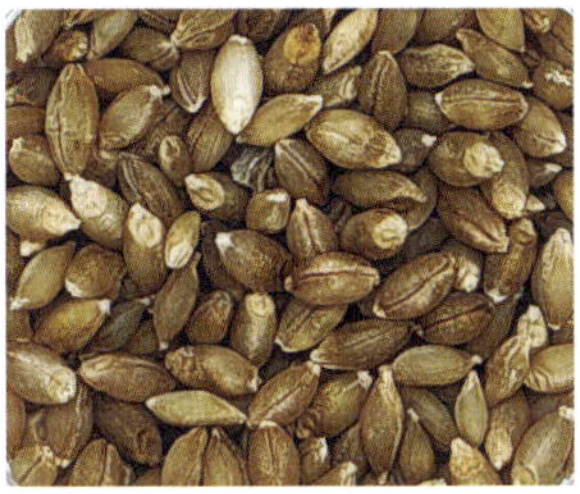

⑩

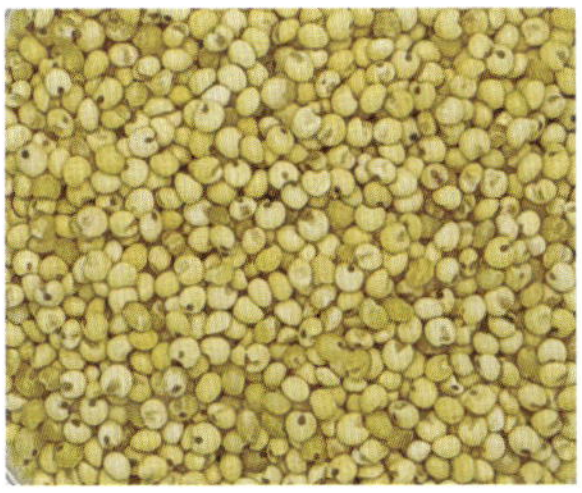

⑪

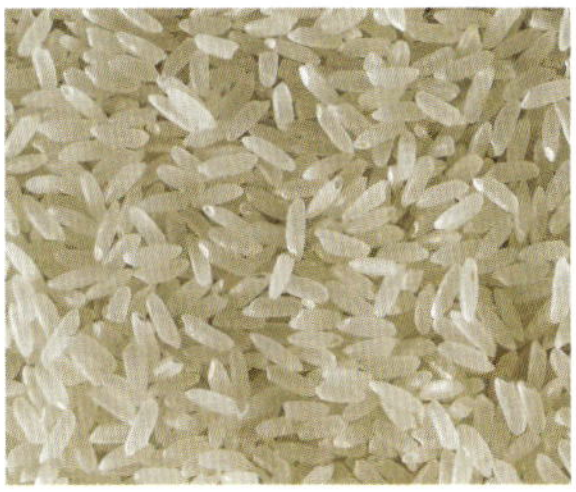

⑫

①小麦　②玉米　③黑米

④燕麦　⑤糜子　⑥谷子（小米）

⑦薏米　⑧高粱　⑨大麦

⑩青稞　⑪黍子　⑫稻谷（大米）

目录

稻谷

跟着粮食去旅行

又称水稻、稻子、稻米等。

古往今来广种植，
南种籼稻北种粳，
小小一粒贡献大，
一日三餐少不了。

一起认识稻谷

长在地里的水稻近照

稻谷粒粒饱满，稻穗笑弯了腰，随风舞动，你挨挨我，我挨挨你，唱响的都是丰收的赞歌。

大田图片

一排排水稻在田间排列得整整齐齐，远远望去，像给土地铺上了一块绿色的地毯。随着时间推移，稻穗由浅绿色变成深绿色，再逐渐变得金黄。风吹过，金色的稻谷浪推浪。

原粮近照

每粒稻谷都穿着“量身定做”的“黄金甲”，从头到尾裹得严严实实。你看，那“黄金甲”上有清晰的条纹，仔细看还有细小的茸毛。

稻谷上的“黄金甲”既能防水又能保水，还能抗虫、抗病菌侵染，并防止被污染，实在太厉害啦。

稻子所结的籽实是稻谷，稻谷脱去颖壳（“黄金甲”）后就变成了糙米。糙米再碾去米糠，就成为我们常见的大米啦！

稻谷制品

稻谷作为我国最常见的主粮作物，其籽粒——大米除可做成白米饭、炒饭、煲仔饭、盖浇饭、手抓饭、卤肉饭等各种饭，还可以做成粥、粉、米糕、米糊，以及米花、锅巴……好多好吃的都是大米做的。

跟着稻谷去旅行

爸爸开着房车带着小帅走遍全国。十一国庆假期，父子二人来到了湖南。

小帅破天荒地起了个大早，麻溜地洗漱好，喊爸爸起来，要赶早去吃米粉。

“爸爸，爸爸，快点快点！”停好车后还有一小段路要走，小帅一个劲儿地催着爸爸往米粉店快走。

“别急别急，还早着呢。”爸爸边走边说。

小帅一边走一边说：“你看，大家都快排到马路边上了。”

父子俩才靠近，就闻到了缕缕鲜香，周围雾气腾腾的。

“哇，爸爸你看，老板烫粉的动作好快啊。”小帅掩着嘴小声对爸爸说。

透过人群的缝隙看过去，只见老板的动作娴熟麻利，粉一碗一碗地接连往外端。爸爸点点头佩服地说道：“那是，干一行，爱一行，行行出状元啊。”

忽远忽近的香气诱得人越发期待，小帅的注意力都集中在了那一碗碗米粉上，焦急地排着队。

到了！

大口锅，新鲜的米粉在滚烫的汤里翻滚，捞起后放入盛满鲜浓肉汤的大碗，再铺上肉丝盖码，简简单单却喷香诱人的清汤肉丝米粉瞬间就做好了。

柜台上摆放着配料，有榨菜、酸豆角、剁辣椒等，爸爸一样盛了一大勺，汤粉的味道由此变得更加丰富了。

爸爸小心翼翼地端着碗，生怕汤汁洒了。

环顾四周，终于找到位置坐下来。小帅迫不及待地挑起一筷子，用嘴吹一吹，一吸溜，米粉进到了嘴里。

啊！原来这就是米粉的滋味啊——有点儿软，有点儿弹，爽爽的，滑滑的，融合着汤汁和配料的味道，又带着独特的口感和清香。

米粉真特别呀，是大米做的却丝毫不像米饭，像面条的样子却又不是面条。

小帅三下五除二吃掉了一碗粉，汤也喝了大半，然后又着急起来："爸爸，爸爸，快点快点！水稻博物馆马上就开门了！"

爸爸喝着汤慢条斯理地回答："别急别急，还早着呢！"

小帅一边看向车子的方向，一边说："我要做今天的第一个小观众！再说，我们说好了参观完还要去桃花源的丰收节体验收割稻谷呢！"

"好了好了。"爸爸喝完最后一口汤说，"走吧走吧，瞧这孩子，太积极了！"

"当然啦！"小帅欢呼道，"今天是我先起床的！明天、后天、大后天……我也可以为了吃米粉而早起呢。"

"那你可能会很忙哦。"爸爸开玩笑地说，"大米做的美食可太多了，米粉蒸肉、米豆腐、米饼、粉利、粉饺……"

"哇！"小帅激动地说道，"太棒了，太棒了，趁着国庆放假咱们都尝尝！爸爸，你给我讲讲稻谷的故事吧！"

博士爸爸讲稻谷

说起水稻的故事，就要从水稻的起源讲起。传说在很久很久以前，先祖神农氏正在山野间寻百谷，天上飞来一只羽毛通红的鸟儿，嘴里衔着一株谷物，绕着他飞了一圈又一圈，然后谷物落到了地上。神农氏认为这是天帝送来的食物种子，便将谷粒埋进了土里，等待发芽、生长。后来，稻谷长大了，结出了很多谷粒。于是神农氏将自己种植稻谷的经验分享给百姓，就有了农耕。虽然咱们没有见过那只红色的鸟儿，但咱们国家种植水稻的时间确实很久很久了。

1993 年，湖南省文物考古研究所组织的考古队在湖南省道县玉蟾岩遗址发现了两枚古稻谷，通过科学分析，判断其中的水稻谷粒差不多有 1.6 万岁了。

现在看似普通平常的稻谷，在远古是很珍贵的。如今成片的水稻，是祖祖辈辈不断驯化改良野生稻谷和精心选育优良稻种的成果。

1 万多年前，我国长江中下游的先民们就发现了稻谷的食用价值。他们将大颗粒的种子保存下来，来年播种。年复一年，颗粒越来越大的稻谷就被选育出来了。但是，驯化从来就不是一件简单的事情。野生稻谷恣（zì）意生长，到了收获季节，有的稻穗易落粒，人们还没来得及收获，谷粒就从穗上脱落了；有的稻谷成天“耷拉着脑袋”，喜欢“趴着长”，快要挨到地上了；还有的稻谷生出了长长的芒，营养都到别处去了，谷粒不仅小小的，还干瘪瘪的……选育和栽培稻谷的过程中遇到的问题可多啦。

野生稻的基因就像一个巨大的宝库，拥有很多很多的可能，但优秀的基因并不是唾手可得的，需要我们不断地筛选，通过试验、组合、尝试、栽培……从基因库中找到需要的基因，才能选育出抗病抗逆能力强的水稻品种。再通过不断地“驯化”，才能让稻谷变得健康强壮，长得又好、又多、又快，造福天南海北。

咱们这么放眼望去，这一簇簇的稻穗似乎没有区别，但其实呀，稻谷还分“南北”呢。在漫长的时间里，稻谷经过长期进化和不同生态条件的再塑造发生了分化，有了不同的“模样”和“性格”。在我们国家，稻谷主要分籼稻和粳稻。籼稻两头尖，细长，米的黏性较弱。籼稻怕冷，喜欢低纬度、低海拔地区。粳稻圆鼓鼓的，短胖胖的，生长的时候谷子和穗子结合紧实，不容易脱落，米粒的黏性较强。粳稻耐寒，多生长在高纬度地区。于是就有了“南籼北粳”的说法。另外，稻谷中还有一种糯性稻谷（糯米、江米），可细分为籼型糯稻和粳型糯稻。

稻谷虽小，但每一粒都不简单，从播种开始，要经过一百多个日夜才能长成。稻谷先长出根系吸收养分，继而萌出嫩绿的小苗，再拔节长高，然后抽穗开花，逐渐结出稻谷。稻谷要经过时间的积累才能慢慢丰满，一点一点变得结实。等到稻谷成熟的时候，收割机同时完成收稻谷和脱谷粒的工作。

世界上一半以上的人都以米饭为主食。米饭能提供人体所需的营养和能量，所以稻谷为解决人们的温饱问题做出了巨大的贡献。

如今，人们的生活越来越好了，过去只有富人才能吃得起的大米，已经从原来的“奢侈品”变成了咱们餐桌上的“常见品”。正所谓“旧时王谢堂前燕，飞入寻常百姓家”。但是啊，咱们一定不能忘记科研的艰苦和耕种的辛劳，要好好吃饭，爱惜粮食。来，爸爸教你一首古诗吧，作者是宋代的翁卷：

乡村四月

绿遍山原白满川，子规声里雨如烟。

乡村四月闲人少，才了蚕桑又插田。

黑米

跟着粮食去旅行——

又称药米、贡米、寿米等。

米中“黑珍珠”，
皇室之贡品，
药用价值高，
营养味道好。

一起认识黑米

大田图片

图中的黑米是我国陕西汉中特产的一种黑色稻谷。田野里，稻秆又高又细，一排排站得笔直，不畏寒暑，只为丰收。

长在地里的黑米近照

黑色的稻穗随风摇曳，犹如亭亭玉立的少女披着乌黑的长发在田间起舞。黑色的稻穗，黑色的米。在秋阳的俯照下，羞涩地低下了头。

原粮近照

黑米外观呈黑色，偶尔夹有一些深红或深黄色的米粒。别只看这层黑色的酷酷“皮夹克”，黑米的内芯其实是雪白雪白的。

黑米制品

好的黑米有淡淡的清香，尝起来微微泛甜。黑米可以煮出晶莹透亮的黑米粥，吃起来香甜软糯，又有很好的滋补作用。黑米也常用来做黑米糕、黑米饭、黑米馒头等主食。黑米也像其他稻米一样，可用来酿酒和制醋。

跟着黑米去旅行

一天，父子二人来到了陕西省汉中市洋县。秋后黑稻成熟了，田里弥漫着稻香。

清早，爸爸去市场上买了些黑米，准备煮黑米粥给小帅尝鲜。

用文火慢煮一会儿，锅里咕嘟咕嘟冒着泡泡。起起伏伏的小泡破裂，丝丝微甜的米香源源不断地迸发出来。爸爸用长柄勺搅拌了一下煮好的黑米粥，只见米粒“颗颗开花”，晶莹剔透，米汤顺滑黏稠，滋润醇香。

爸爸盛了两碗黑米粥，朝小帅喊道：“小懒虫，快起床，吃早饭了！”

小帅迷迷糊糊地洗漱完走到餐桌前，低头就着碗边喝了一小口粥：“这黑乎乎的是什么呀，好像有一股淡淡的药味，又好像有米粥的味道。不会是黑米粥吧？！”小帅略有些疑惑地抬起头。

爸爸朗声笑道：“哈哈，这就是养生神器——黑米粥！中国民间一直有‘逢黑必补’的说法，黑色的食物一般说来都有滋补的作用。不过这不只是民间说法，黑米确实是药食兼用的大米，还有‘黑珍珠’的美称呢。”

爸爸一边说着一边把分别装着绵白糖和小咸菜的小碗放上桌，问道：“自己看看，想吃甜的还是咸的？”

小帅仰起头说：“我要先吃一碗咸的，再吃一碗甜的。这就像饭后又吃了甜品一样。”

小帅津津有味地吃完，边擦

嘴边总结道："我觉得还是甜的好吃。再搭配点儿其他的米呀、豆子呀，或者做成甜品，放点儿牛奶，加点儿水果，肯定也不错。"

爸爸认可地点点头。

小帅一向喜欢探本溯源，他回味了一下问道："爸爸，人们是怎么发现如此珍贵的'黑珍珠'的呢？"

爸爸推了推架在鼻梁上的眼镜说："那我就给你讲讲黑米的故事吧。"

博士爸爸讲黑米

这故事要从 2000 多年前的汉武帝时期讲起。

相传，博望侯张骞是陕西汉中人，年少时在家乡洋县读书。有一天，张骞正在柳林里学习，困倦时不知不觉靠着树进入了梦乡。梦中，他游历到斗牛宫，见到了大名鼎鼎的文曲星，他上前拜谒并询问自己的前程。文曲星答道："前程似锦。"张骞再问："那么何时才能出人头地呢。"文曲星回答道："未来的某一天，发现一种黑色的米，你的好运气就来了。"此后，张骞除了苦读诗书，闲暇时便常去河畔寻找黑米。终于在 3 年后的一天，他在野稻中找到一株黑色稻穗，剥开稻壳，果然是黑黑的米粒。

还有一种说法，张骞找到的黑米粒是从天上掉下来的。那天，张骞和弟弟跟随父亲去田里收割庄稼，在田边歇息时，心血来潮想要数一数谷粒。随手一拾，竟然发现了颜色不同的黑米。大家都很惊讶，毕竟在此之前，当地还没有任何人见到过黑米呢。张骞手握着黑米粒，不知其究竟从何而来，抬头望着天空苦苦思索，偶然看见有雀鸟飞过，灵光一闪，推测这黑米或许是粘在鸟儿的羽毛上，鸟飞过时从天上掉落到这田间。

无论是哪种说法，总之，张骞发现了黑米，并且实实在在地推广了黑米的种植。正巧也就在这一年，张骞被西汉朝廷征召做官去了。

后来，张骞把特别的黑米献给了汉武帝，汉武帝食后赞道："神米！"从此，黑米就出了名。从西汉时期开始，直至清代末年，黑米一直是贡奉皇家的粮食作物。

黑米究竟有何神奇之处？

中医认为黑米是一种药用、食用兼具的谷类。仅仅是黑米粥，书籍中就记载有很多不同的食用方法和功效。《本草纲目》中提到，牛奶黑米粥有滋补、缓解疲劳的作用，尤其适合老年人吃；《文堂集验方》中记载，梨子和黑米一起熬粥，润肺止咳，冬天吃特别好；《饮食治疗指南》中写道，鲜荷叶与黑米熬粥，不仅芳香适口，还有清热解毒、明目舒筋的作用……你看这黑米多好啊，怎能不让人喜欢！

从现代科学的角度看，黑米不仅口味香醇，营养价值也比我们常吃的大

米高得多。黑米中富含人体必需的氨基酸，铁、硒、锌等矿物质营养，维生素B、维生素C及维生素E等营养物质，还富含大量的天然色素，尤其花青素是所有米中含量最高的。因此，黑米被授予“月子米”“补血米”“药米”“长寿米”等称号。此外，黑米素来以能黑发、能瘦身著称，经常食用可使头发乌黑发亮。可以说，经常吃黑米，既养生又养颜。

黑米在我国大部分地区均有种植，主产区在陕西、贵州、湖南等地。黑米在粒型上分为籼型（米粒多长而窄）和粳型（米粒较短圆），在粒质上分为糯性（黏性大，像糯米一样）和非糯性（黏性小，像普通大米一样）。

好啦，关于黑米的故事就先讲到这儿，爸爸再教你念一首关于黑米的古诗吧：

奉和太子纳凉梧下应令

（南朝梁）庚肩吾

北园凉风早，步辇（niǎn）暂逍遥。
避日交长扇，迎风列短箫。
山带弹琴曲，桐横栖凤条。
悬门开溜水，锦石镇浮桥。
黑米生菰（gū）叶，青花出稻苗。
无因学仙藻，云气徒飘飖。

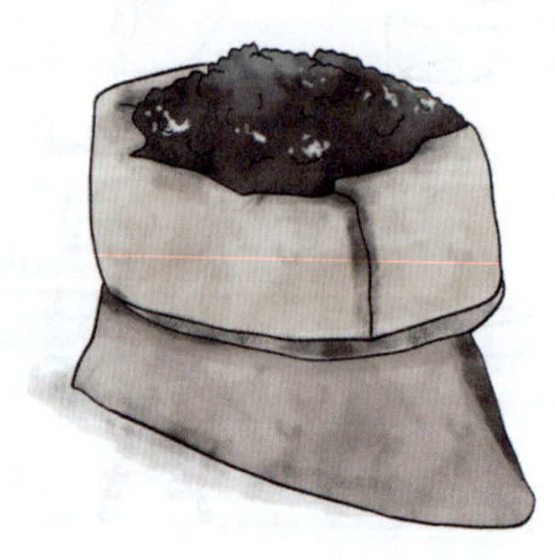

小麦

跟着粮食去旅行

又称麸麦、麦子等。

花样百变小麦粉，
中西合璧酿美食，
馒头面包全靠它，
老少皆宜人人爱。

一起认识小麦

大田图片

小麦未成熟时是绿色的，齐齐整整的麦苗绿油油的一片。沐浴着阳光雨露，小麦逐渐成熟，变为金黄色。丰收时节，远眺麦田，金浪绵延，如诗如画，令人沉醉！

长在地里的小麦近照

小麦茎细而直立，叶片呈长披针形，复穗状花序直立，整个穗轴呈曲折形，每个小穗有2～9朵小花。

原粮近照

小麦粒由皮层、胚乳和胚三部分构成。小麦粒被硬硬的颖壳包裹着，又被尖尖的麦芒保护着。没脱壳的小麦呀，可不能随便抓来玩，像针尖一样的麦芒会扎手哦。

成熟的小麦籽粒为卵圆形，籽粒的种皮与果皮紧密相连。籽粒背面光滑，朝内有一道凹陷的腹沟，颜色有黄棕色、红色、白色之分。小麦粒常被磨成小麦面粉，粉质细腻，可以用来制作许多美食。

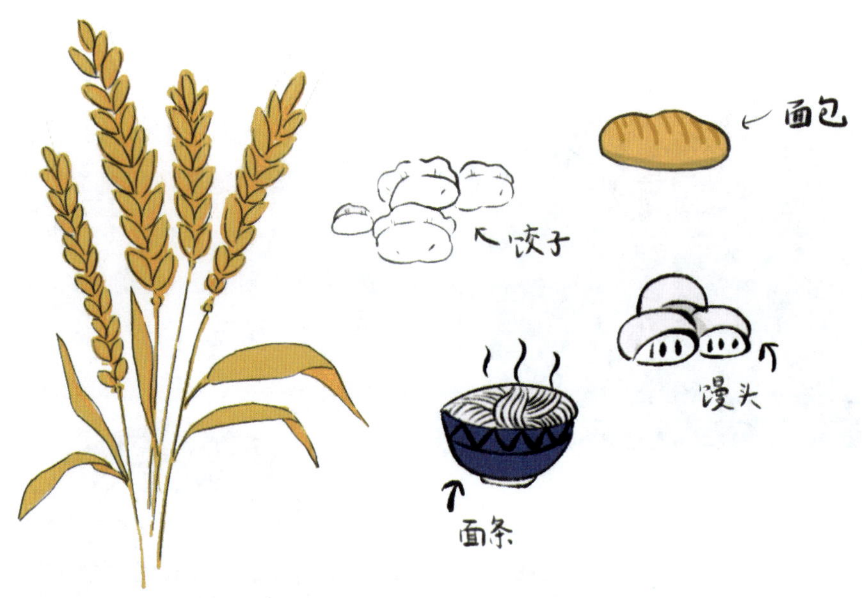

小麦制品

小麦面粉筋道、有弹性，可以加工成各种形状的食品，可制成各种饼、馒头、包子、面条、饺子等我国传统的主食。常见的面包、蛋糕、饼干、意大利面也是由小麦面粉制作而成的。

跟着小麦去旅行

6月初的一天，爸爸带着小帅来到了陕西省渭南市白水县。

清晨，天才蒙蒙亮，窗外隆隆的轰鸣声由远及近，还在睡梦中的小帅，迷迷糊糊地翻了个身。

爸爸看了看小帅，一边做着早点一边笑呵呵地喊道："起床啦起床啦，收麦喽收麦喽！"

小帅睁开蒙眬的睡眼，从床上爬起来，拉开窗帘，打开窗户，泥土的芬芳混着早餐的清香瞬间扑面而来。

小帅看着远方的麦田，一望无际的金色田野上，好几辆收割机并驾齐驱，小麦在空中翻滚跳跃。今年又是一个丰收年。

小帅不自觉地提高了音量，惊叹道："哇！爸爸，外面好美啊，像金子铺满了地面一样，大家是在收黄金吗？我们这是又到哪里啦？"

"快洗漱，洗漱完来吃早餐。"爸爸把热气腾腾的包子放在桌子上，"快尝尝刚出锅的包子。待会儿一起去外面看看，没准真的是金子呐。咱们还能带些回去给妈妈，哈哈！"

"好哦好哦！"小帅一边应声一边伸手抓了个白胖包子，一口咬下去，嚯，里边的馅儿居然也是白色的。

柔软筋道的皮儿带着面食独有的香气，细嫩的豆腐和着清爽的葱末，简简单单却鲜香可口，再吃上一个都不解馋。

小帅"啊呜啊呜"地大口吃着包子，大眼睛滴溜溜地追着爸爸转。

只见爸爸把包子掰成两半，转身变出个特制的辣油碟，拿勺子舀了一勺辣子浇了上去，白色的豆腐包子瞬间被染红，香软的豆腐包子都沁出汁儿来了。

麦香、豆腐香、调料香、辣油香缠缠绕绕地飘到鼻尖，把怕辣椒的小帅馋得直流口水。

小帅紧盯着爸爸，只见爸爸一口咬下了大半个，露出了陶醉的表情，再一口咬下去，瞬间开心起来，又一口下去，一个豆腐包子快没了！

“爸爸！”小帅喊了一声。

爸爸停下来，瞧见小帅双手抓着小桌沿，整个身子往前探，想吃又犹豫的样子。爸爸含着笑，耐心地等着小帅开口。

终于，小帅鼓起勇气对爸爸说：“爸爸，我也想尝尝。”

爸爸笑着说：“不怕辣哭了？”

小帅干脆地说道：“我怕辣，但我不哭。都说人生要勇于尝试，那就从尝试吃辣椒开始！”

小帅吃了一口说：“蘸着辣子的豆腐包子原来并不是特别辣，但是真的特别香。果然有些美味，要亲自品尝才知道呢。”

父子俩吃得心满意足，吃完收拾好下了车，走向麦田。

小帅看着小麦的模样，想起绘本上看到的甲骨文。原来，“麦”字和这田里的小麦长得真的很像呀！很多汉字真的是“象形文字”呢。老祖宗们通过描摹记物的方式把“麦”字传承了下来，那么，小麦在这土地上也生长了很久很久了吧……

“爸爸！”奔向麦田的小帅跑到一半时回过头来，清脆的声音跃过隆隆的机器声，“我想听听小麦的故事！”

博士爸爸讲小麦

小麦的老家在西亚的新月沃地。大约在1万年前，人类开始把野生一粒小麦当作食物。后来，有人有意无意地在田里种下了野生一粒小麦的种子，种子萌发并生长起来。人们发现通过劳作可以获得食物，于是慢慢有了农耕和家园。而小麦也成了人类最古老的粮食之一。

野生小麦为开辟新的家园，在传播的过程中发生过两次杂交，第一次是野生一粒小麦和拟斯卑尔脱山羊草的杂交，得到二粒小麦；第二次是二粒小麦与粗山羊草的杂交，这一次得到了穗大、籽粒多且抗寒的普通小麦。咱们今天看到的小麦有三个祖先呢。

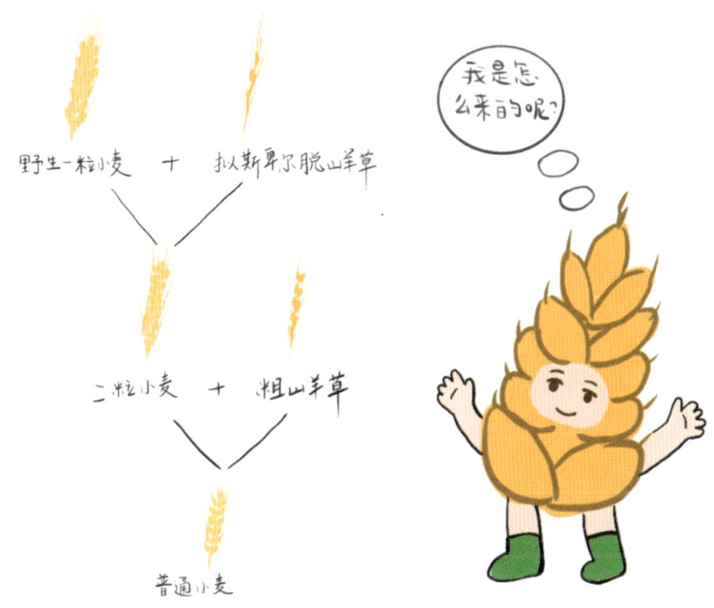

大约5000年前，小麦从西亚传入我国。人们在新疆的孔雀河流域，发现了4000年前的炭化小麦。小麦在国外待得久了，刚刚进入我国时，并不习惯我国的北半球季风气候，它们只能在靠近河流的少部分地区种植。直到汉代以后，灌溉业的蓬勃发展给小麦种植提供了有利的条件。同时，汉代石磨得到了推广，可以把麦粒儿磨成面粉。此后，小麦种植才逐渐普及。

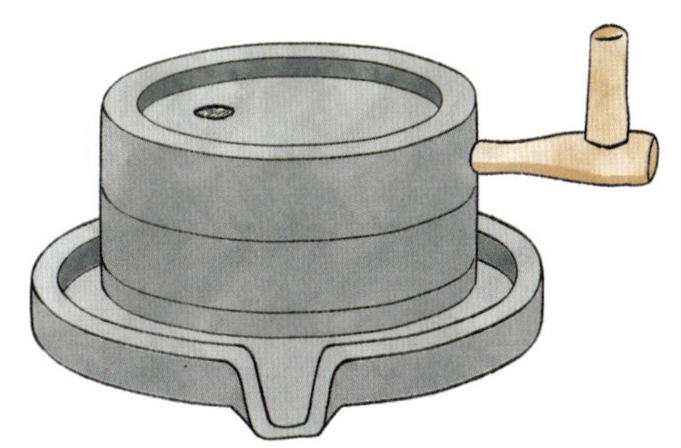

相传在军阀混战的三国时期，曹操带兵打仗，当时正是小麦成熟的时候，老百姓害怕官兵，根本不

敢出门收小麦。曹操得知后，传令全军，要是哪个士兵踏坏了小麦，就立即斩首惩处。命令发布后，所有经过麦田的士兵，都仔细地护着小麦，小心地经过。百姓们转而对曹操啧啧称赞。但谁也没料到，有一天，曹操自己的马儿被鸟惊到了，尥（liào）起蹶（juě）子就奔向麦田，踩坏了一大片麦子。曹操为建立威信，就要拔剑自刎（wěn）。随从知道曹操身担重任，更何况这事儿是个意外，怎能让他自杀呢，就声泪俱下地阻止了他。但军令如山，且大丈夫言出必行。于是曹操想到一个办法：那时候的人们蓄发而不剃头，将头发看得很重要，认为头发的生长代表着生命的延续，于是用割头发来代替“抹脖子”，这样既守住了信用，又留住了性命。小麦的价值重到以命相抵，由此可见，当时的小麦是多么珍贵，人们把其当作宝贝一样呵护。

北宋初年到明代，小麦种植从北方的黄河流域向南方扩展，最后遍布全国。从历史上来看，我国小麦栽培是在不断发展的，中华人民共和国成立后发展得更快。如今，小麦已成为中国第三大粮食作物，仅次于水稻和玉米。

小麦分为冬小麦和春小麦。冬小麦比春小麦生长时间长，吃起来口感会更好。冬小麦从播种到成熟，经历了发芽、出苗、分蘖（niè）、越冬、返青、拔节、孕穗、抽穗、开花、灌浆、成熟等一连串生长发育环节。收割后的麦子，还要经历晒麦子、筛麦子，加水润麦后研磨，才能得到雪白的面粉。

发芽	小麦种子萌发出芽
出苗	嫩绿的幼苗破土而出
分蘖（niè）	麦秆在靠近地面的位置（茎基部分蘖节上）长出分支
越冬	小麦度过了一个冬季，这是冬小麦特有的过程，春小麦没有
返青	麦苗逐渐苏醒，叶片由黄色渐渐变成绿色，这也是冬小麦特有的过程，春小麦没有
拔节	小麦茎秆的各节快速生长，小麦与地面相比又长高了
孕穗	小麦吸收水分、养分，叶片抽出叶鞘，包裹的幼穗明显长大
抽穗	幼穗从叶鞘中抽出，长成大麦穗
开花	小麦开出白色小花
灌浆	小麦经过光合作用，胚乳细胞逐渐累积淀粉，干物质迅速增加，从“小麦浆”变成“小麦团”再变成“小麦颗粒”，小麦籽粒逐渐形成
成熟	小麦茎秆逐渐干枯，小麦粒也褪去多余的水分，变得结实干硬

关于冬小麦有一首耳熟能详的童谣：“冬天麦盖三层被，来年枕着馒头睡。腊月大雪半尺厚，麦子还嫌‘被’不够。麦苗盖上雪花被，来年枕着馍馍睡。”

春小麦生长过程大体上与冬小麦相似，只不过春小麦在春季播种，在较短的无霜期内完成生长周期，没有越冬、返青两个阶段。

按照籽粒皮色，小麦可以分为红皮小麦和白皮小麦；按照籽粒的质地，小麦可以分为硬质小麦和软质小麦。小麦籽粒质地的软硬会影响小麦价格、加工和食用的品质。小麦粒是由淀粉类的胚乳及种皮、果皮、胚组成。经过碾磨后，胚乳和其他成分分开，就成为小麦粉。小麦粉主要的营养成分是淀粉和蛋白质，可以供给人体活动所需要的能量。小麦籽粒中的蛋白质能够形成独特的网络状面筋，具有弹性。小麦籽粒磨成粉以后，可以制作成馒头、面条、饼干、面包等人们喜欢的食物。小麦种皮和果皮里面含有较高的、被称为第七大营养素的膳食纤维，在保持消化道健康上扮演着非常重要的角色。小麦胚芽里面则含有较高的不饱和脂肪酸、维生素、矿物质等微量营养素。小麦籽粒制成小麦胚芽粉或小麦胚芽片，可以用作营养强化食品或保健食品。

小麦面粉不仅能制作很多美食，还能治病呢。《本草拾遗》中记载："小麦面，补虚，实人肤体，厚肠胃，强气力。"可以看出小麦的滋补作用相当不错。

最后，爸爸给你念一首关于小麦的诗歌：

观刈麦

（唐）白居易

田家少闲月，五月人倍忙。
夜来南风起，小麦覆陇黄。
妇姑荷箪食，童稚携壶浆。
相随饷田去，丁壮在南岗。
足蒸暑土气，背灼炎天光。
力尽不知热，但惜夏日长。
复有贫妇人，抱子在其旁。
右手秉遗穗，左臂悬敝筐。
听其相顾言，闻者为悲伤。
家田输税尽，拾此充饥肠。
今我何功德，曾不事农桑？
吏禄三百石，岁晏有余粮。
念此私自愧，尽日不能忘。

跟着粮食去旅行——玉米

又称苞谷（包谷）、苞米（包米）、包芦、棒子等，

古称玉蜀黍、玉麦、玉蒌、珍珠米等。

长得高又高，
头戴红缨帽，
衣服一层层，
藏满珍珠宝。

一起认识玉米

大田图片

玉米3～4个月便长起来，一棵棵玉米整齐排列，高且挺直。

长在地里的玉米近照

长出的红缨子（玉米须）是玉米的花蕊，接受花粉后，便慢慢长出玉米粒。随着玉米逐渐成熟，玉米秆褪去了绿色，红缨子不再润泽而舒展，开始干枯，玉米粒慢慢变得饱满紧实。

原粮近照

成熟的玉米棒像一个大棒槌，剥开它的外衣，玉米粒颗颗饱满，粒粒晶莹剔透，像小珍珠一样，紧挨在一起。

从玉米棒剥下来的玉米粒，颗粒分明，如黄豆般大小。

玉米制品

玉米粒煮熟后，可用作配菜或者制作玉米沙拉；玉米粉碎后，得到的玉米糁儿可做成玉米糁儿粥；经精细加工得到的玉米粉，可做成玉米糊；经挤压膨化后，玉米可以做成爆米花、玉米锅巴等零食。

跟着玉米去旅行

爸爸开着房车带着小帅一路向北，10 月的一天，来到了东北辽宁。

小帅拉开窗帘，望向外面，看到一片片金黄色的田地，兴奋极了。

“爸爸，外面在收什么啊？好漂亮呀！”小帅趴在窗户边说，“咱们这是到哪儿了？”

爸爸停好车回答：“外面那一大片都是成熟的玉米，现在是秋收的季节，农民伯伯们正忙着收玉米呢。”

小帅高兴得手舞足蹈：“来得早不如来得巧呀！爸爸，今天咱们就去帮农民伯伯们收玉米吧。”

“正有此意。”爸爸爽快地说，“走吧，咱们去搭把手！”

父子俩才靠近田地，小帅就一溜烟地跑进玉米田，站在玉米秆边上比高高，举着手向爸爸大喊：“爸爸，你看，这玉米长得也太高了吧！”

“是啊，长见识了吧！”爸爸笑着点头走近说，“玉米是长得比较高的粮食作物，差不多都有 1 米高，通常能长到 1.5 ~ 2.5 米。还有些更高的品种，甚至能长到 3 米呢！”

“哇，太厉害了吧！”小帅惊叹道，“这玉米长得这么高，那可怎么收呀？”

爸爸和农民伯伯们打好了招呼，伸手“咔咔”两下掰了一个玉米棒子下来，递给小帅说："一开始人们就是这样人工掰玉米的，现在不少地方也还是人工掰玉米呢。"

"一个一个地掰吗？"小帅瞪大眼睛不敢相信地问。

"是啊，一个一个地掰。"爸爸肯定地点头，语气略微有些感慨，"食物向来都是得来不易的。"

"那现在呢？"小帅有些着急地踮着脚，蹦了几下还是够不着秆子上的玉米棒子。

"呐，你看！"爸爸把小帅抱起来，远远的玉米地那头，收割机正在田间穿梭。

"有些产量少的地方还是人工采摘玉米，像这样大片的玉米地已经用上玉米收割机啦！"爸爸看着远方说，"不同的收割机对玉米进行不同的处理。像那台机子是把玉米秆留在田里，机械摘收玉米棒子。还有一种玉米联合收割机，边收边脱粒，直接收获玉米粒啦！"

"哇，这么酷吗！"小帅不禁向更远处望去。

"那为什么这里的玉米不直接收'玉米粒'呢？"小帅挠挠头没想明白，"之后还要再剥一次，多麻烦啊？"

"因为玉米虽然看起来长得差不多，但其实细分起来有很多品类，它们用途也不一样啊！"爸爸仔细解释道，"你摸摸手里的玉米棒子，这个玉米粒水分较多，并不是非常硬实，直接脱粒可能会伤到玉米粒，还有可能……"

小帅补充道："还有可能被压扁！"

爸爸笑着说："也有可能哦。"

小帅拿着手里的玉米棒子问道："爸爸，那这儿还有别的玉米吗？"

"当然喽！"爸爸点点头，"玉米的品类可多了去了，就看咱们分不分得出来咯。"

"爸爸，咱们快去找找不同的玉米品类吧！"

父子俩换了个路线继续开车往前走，走了一段路后停车，小帅下车后问

道："爸爸，这是哪儿啊？不是说好去看别的玉米吗？"

"是啊！"爸爸笑呵呵地拉起小帅的手，"玉米就在这儿，你肯定会喜欢的，相信爸爸！"

小帅看着眼前这个灰灰旧旧的菜市场，和想象中金黄一片的玉米地有着天差地别。

爸爸带着小帅左弯右绕，来到了菜市场旁边的一块小空地上。路边有一位老爷爷，正捣鼓着一个架在煤炉上的、黑乎乎的、像大炮弹一样的炉子。老爷爷一只手拉着风箱，另一只手不停地摇把手。

小帅好奇地刚想靠近，还没迈开腿儿，就被爸爸拉着往后退了几步。爸爸告诉小帅捂好耳朵。

来不及细说，就见老爷爷拎起"炮弹炉"，塞到一个大口袋中，收好袋口，一脚踢去，轰隆一声，白烟冒起，热气向周围蔓延，带着一股子焦甜香。

小帅被这闪电般的操作惊呆了，心里正犹豫着能不能悄悄看上一眼，就被爸爸带着走上前。

哇！那不起眼的大口袋里，竟装满了浅黄色像爆米花的东西！

小帅不敢相信地又凑近看了看。爸爸在旁边付好了钱，买了一小袋递了过来。

小帅迫不及待地尝了一颗，说道："香香的，甜甜的，脆脆的！真的是爆米花！"

爸爸看着小帅可爱的模样，笑着说："还不错吧！这是老式的爆米花，爸爸小时候啊，吃的就是这个，现在不常见啦！"

"好吃！"小帅兴奋道，"谢谢爸爸！"

"老爷爷太厉害啦！"小帅看着眼前的爆米花又补充道。

"哈哈，现在做爆米花不用这么费功夫了，在家里用微波炉就能行，我年纪大啦，也就是偶尔来这老地方开上几炉。"老爷爷听到小帅的夸赞后笑呵呵地说道。

“哇！那咱们运气可真好，太开心了！”小帅把爆米花递给爸爸，眨巴着眼睛商量道，“爸爸，咱们好不容易遇到老式爆爆米花，太难得了，咱们再看一会儿再去找玉米吧。”

爸爸吃了一颗爆米花，意味深长地说：“远在天边，近在眼前啊！”

“嗯？”小帅左右张望，上看下看，忽然看到老爷爷打开了手边的大袋子，从里边盛出了一小碗玉米粒！

“这爆米花原来是玉米粒变的啊！”小帅惊喜地说。

“太神奇了！”小帅鼓起掌来，“这玉米粒果然不一样！”

“神奇吧？”爸爸说。

“真的很神奇！”小帅沉浸在了发现“新大陆”的喜悦中，缠着爸爸问道，“爸爸，快给我讲讲玉米的故事吧，它还有什么‘小秘密’呀？”

博士爸爸讲玉米

最早驯化玉米的是印第安人。玉米对印第安人来说特别重要，在他们的神话故事中，人类是用玉米面团捏出来的。但是印第安人怎么把玉米驯化成为如此高级的作物，这个问题一直困惑着科学家们。现在科学家们普遍认为，玉米的祖先是大刍（chú）草。

1492 年，哥伦布来到美洲，他发现印第安人都在吃一种“奇特”的食物——那就是玉米。1494 年哥伦布第二次航海归来时把这种作物带回了欧洲，后来玉米还解决了欧洲人饿肚子的问题。此后，玉米便逐渐在世界范围内广泛传播和种植。

后来，玉米传入我国，人们经过探索，发现了玉米的好处。“玉米”之名最早见于明末徐光

启的《农政全书》。从清代乾隆中期到嘉庆、道光时期，玉米的种植得到了大规模的推广。现在我国北方地区、西南地区、西北地区和青藏高原地区等都种植玉米。2012 年以来，玉米一直是中国栽培面积最大的粮食作物。

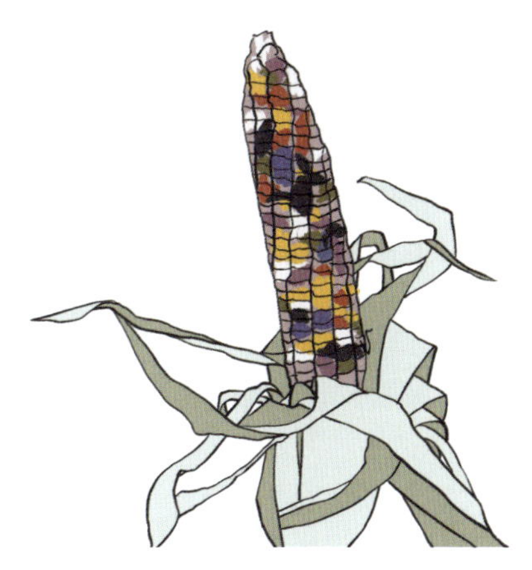

咱们吃的这种用来做爆米花的玉米叫爆裂型玉米，属于一种特用玉米。细分起来，玉米可分为九大类。除爆裂型玉米外，还有糯质型玉米、甜质型玉米、榨油用的高油玉米等，这些都属于特用玉米。从玉米粒的颜色上分，不仅有黄色玉米，还有黑色玉米、紫色玉米、白色玉米和杂色玉米等。一株玉米有很多花蕊，咱们看到的“玉米胡子”就是它的花蕊。如果附近的空气中有不同品种的玉米花粉，那么“玉米胡子”就能接受到不一样的花粉啦。咱们常见的黄色玉米是“玉米胡子”接受了黄色玉米的花粉而结出的果实。如果“玉米胡子”接收到了不同颜色的玉米花粉，就会结出杂色玉米。

玉米品种很多，用途也很丰富。玉米除用作食物，也可以用作饲料，还是食品、医药、纺织、能源等产业重要的原料，未来人们还会对玉米有更多的开发应用呢。

虽然玉米是个宝，但传说玉米刚传入欧洲时，人们天天只吃玉米，结果有不少人得了一种叫癞皮病的病。这是因为常年只吃玉米会造成维生素 B_3 的缺乏，引发皮炎。这样的皮肤不仅害怕阳光，还会变黑。但这事可不是玉米的错，而是食物搭配出了错。植物需要阳光、土壤、水分等多要素配合才能生长得好，人体也需要均衡多种营养才能保持健康。吃玉米时搭配豆类等就能为人体提供多元的营养。

玉米是一种粗粮，膳食纤维含量高，还含有丰富的维生素和微量元素，健脾和胃、抗衰老、通便，还有减肥和降糖的效果。

最后，爸爸给你念一首关于玉米的古诗吧！

赋得摇落深知宋玉悲

（清）屈大均

秭（zǐ）归乡里满梧楸（qiū），
宋玉悲深此地秋。
枻（yì）影依依渔父在，
砧（zhēn）声隐隐女媭（xū）留。
泪成玉米田何处，
身别龙门夏已丘。
临水登山归莫送，
汨罗南望断离愁。

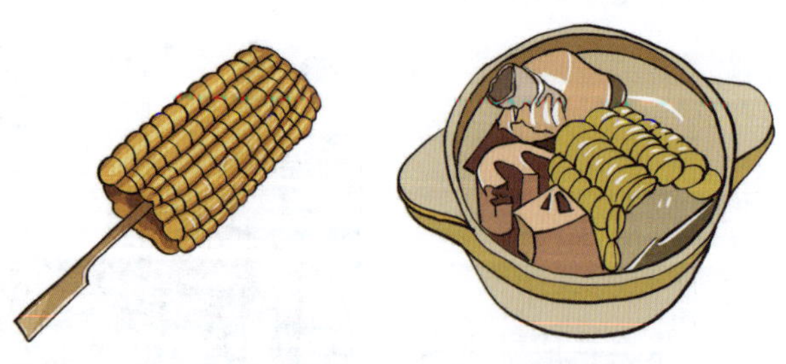

大麦

跟着粮食去旅行

又称牟(móu)麦、饭麦、赤膊麦等。

古老作物永长存，
酿酒制糖用途广，
食用药用难不倒，
农牧饲用样样行。

一起认识大麦

大田图片

春季，大麦长得茂盛。暖阳洒下，一阵风吹过，滚滚麦浪卷晴川，麦花香里说丰年。

长在地里的大麦近照

大麦的茎秆直立且光滑，高度在一米上下。叶片呈线状披针形。

趋于成熟的大麦穗颗粒饱满，麦芒像尖针细密地向外延展着，起到保护麦子的作用。

原粮近照

成熟的大麦粒呈金黄色，颗粒饱满、坚硬。去掉外壳后，大麦籽粒呈淡黄色或白色。

大麦制品

大麦可用来制作馒头、面条、面包、大麦粥等食物，还可制成大麦茶、做酿酒原料。常见的麦芽糖就是用大麦制作的。

跟着大麦去旅行

爸爸开着房车带着小帅走遍全国。一日赶早，来到了山东地界。

父子二人饥肠辘辘，下了车来不及细看风景，跟着长长的队伍走进小店，只想着赶紧吃口热乎的。

很快，爸爸端着一个大碗过来了，香喷喷的，热气直蹿。呼——，呼——，小帅不住地吹着气儿，就着碗边着急地喝了一大口。

小帅捧着碗点头说："爸爸，你快尝尝，这口感好特别啊，既像汤，又像粥，香香滑滑的，真好喝。"

爸爸笑着说道："这叫糁汤，还不错吧。这大受欢迎的糁汤可是个'传统名吃'呢！"

"真的吗！"小帅赶紧又舀了一口汤。这一勺下去，除了肉片还盛起了"米粒"，小帅惊讶道："爸爸你不是说这叫什么汤吗，怎么还有'米'呢？"

爸爸点点头回答："最早做'糁'用的就是大麦米，煮到香稠浓郁的时候，

再加入各种配料。现在搭配30多种中药和肉骨熬制的汤底，更有营养，更香了。”

“嗯嗯。”小帅点点头说，“我觉得还可以再来一碗。”

糁汤入口丝滑，胡椒的香辛劲儿和肉汤的醇厚直击味蕾，让人大呼过瘾。软糯而不失筋道的大麦仁儿夹杂其中，让每一口都充满了惊喜。再配上现炸的油条，别提多香了。

小帅吃得冒汗，感觉浑身都舒坦，而且他还特别喜欢找里边的大麦仁儿，一口接一口地，根本停不下来。

眼看吃得差不多了，爸爸给小帅擦了擦汗，递过来一杯浅褐色的茶汤。小帅只喝了一口就喜欢上了，说：“爸爸，这个茶好香啊，味道有点儿像咖啡，但又比那苦苦的咖啡好喝多了！感觉和普通的茶也不太一样，闻起来有点焦香，我喜欢这个茶。”

爸爸点点头说：“喜欢就好，这是大麦经炒制、煮沸等工艺制成的大麦茶。大麦茶不仅有浓浓的麦香，还能开胃助消化、清热止渴呢！很多地方都有喝大麦茶的习惯。”

小帅不可思议地问道：“这和刚才那汤里的大麦仁是一样的吗？感觉完全不像呀！”

爸爸肯定地说：“是一样的呀！大麦不只有‘大麦仁’一个‘模样’呀，也像很多粮食一样能磨成粉食用。有一种大麦粥，就是在粥里加入大麦粉制成的，虽然吃起来没有大麦粒的口感，但是简简单单的也很香，还很有营养。”

爸爸接着说：“大麦可神奇了，不仅能变成麦芽醋、啤酒，还能变成你喜欢的麦芽糖！”

小帅欢呼道：“真的吗？麦芽糖就是大麦做的吗？”

小帅“脑筋急转弯”：大麦→麦芽，麦芽→麦芽糖！脱口而出：“我可太喜欢大麦了！”

爸爸看着小帅说：“大麦发芽后产生的麦芽酶会和淀粉发生反应，所以能和煮熟的大米、糯米、小米、玉米等粮食一起制成麦芽糖。”

小帅兴奋地点点头，突然想到了什么，问道：“那小麦呢？小麦也能变成麦芽糖吗？”

爸爸欣慰地回答：“当然也可以呀！不愧是我儿子，真聪明。”

小帅又问：“那大麦和小麦有什么不同呢？他们真的像俩兄弟一样，长得也很像呀。”

爸爸回答道：“虽然大麦和小麦看起来像‘双胞胎’一样，但其实它们从种植和管理方式开始就不相同，仔细看并不相似，营养价值也不一样。”

爸爸继续说：“大麦普遍要比小麦长得高，茎秆更粗壮，麦芒更长，收获时间更早，麦粒更细长……至于营养价值嘛，各有所长，都很棒！”

小帅迫不及待地说：“爸爸，快给我讲讲大麦的故事吧！”

博士爸爸讲大麦

大麦为一年生、越年生或多年生禾本科草本植物。大麦可是人类的老朋友了，早在 5000 多年前的新石器时代，古羌族人（居住在今青海）就已在黄河上游开始栽培大麦。大麦的适应性很强，能够耐盐、耐旱、耐低温、耐瘠薄等，因此栽培范围非常广泛。大麦是全球第四大谷类作物，在世界上 150 多个地区有种植。在我国，大麦产区主要分布在长江流域、黄河流域、青藏高原、北方农牧区和东南沿海地区。

大麦在我国有几千年的食用历史，是人类重要的能量来源。随着人们对大麦营养功能的逐渐认识和人们健康意识的提高，人们开始以大麦为原料制作各种食品，大麦也越来越受欢迎。

大麦还可以酿酒。关于大麦酿酒，还要从很久很久以前的一场大雨说起……

那一场雨下得突然，大家都忙着收衣服、关窗户、抱孩子回家，一不留神，忘了还有一罐大麦没收。就这么着，大麦在被遗忘的角落里承受风吹雨淋。等雨过天晴，人们终于想起了这罐大麦。不承想，在雨水的浸泡中，大麦发芽了。

不知是谁好奇地尝了一口冒着泡的发芽大麦水，哎，居然感觉很好喝！于是从那以后，人们发现了大麦的“神奇功能”，慢慢学会了酿酒。后来，人们把这种金黄色的液体命名为啤酒。

大麦芽还具有药用价值，可治消化不良、伤食、积食、胃胀等。焦大麦芽也可入药，有清暑祛湿、解渴生津的功效。大麦含有丰富的碳水化合物、蛋白质及钙、铁、磷等矿物元素。碳水化合物能为人体提供能量；蛋白质能帮助人体维持钾、钠平衡，有利于消除水肿、降低血压；钙、铁、铜、磷等都是人体生长发育和维持健康所必需的矿物元素，能促进人体各组织器官的生长发育。

大麦还含有抗氧化剂，如维生素 E、叶黄素和 β－胡萝卜素等，有助于防止和修复由氧化应激引起的细胞损伤。此外，大麦是 β－葡聚糖的良好来源，食用大麦不仅能降低胆固醇，还能使人产生饱腹感，防治肥胖；此外，也有助于降低血糖和胰岛素水平。

最后，给你念一首大麦的古诗：

嘉熙己亥大旱荒庚子夏麦熟

（宋）戴复古

积雨喜新霁，山禽亦好音。
白云开旷野，红日照高林。
歉岁地惜宝，惠民天用心。
君看大麦熟，颗颗是黄金。

青稞

跟着粮食去旅行——

又称裸大麦、元麦、米大麦等。

青青草地高原高，
土生土长传统粮，
特色主食有讲究，
老少皆宜好处多。

一起认识青稞

大田图片

青稞长出了嫩芽，从尖尖儿绿开始，过了几日，幼苗逐渐长大，离地越来越高，叶片逐渐变宽，看着更有劲儿了。等青稞植株长大，大片大片的青稞长在黑土黄土之上，为裸土穿上新衣，带来生的希望。

长在地里的青稞近照

青稞逐渐长大，开始抽穗。风吹过，长长的麦芒随风而动。阳光洒下来，镀上了一层光泽，远远望去，青稞田好像会发光。

青稞慢慢成长，变色，籽粒饱满，慢慢地，饱满的穗头压弯了茎秆。

原粮近照

青稞为我国藏区主粮，按小穗发育情况分二棱、四棱和六棱，其籽粒和颖壳完全分离。

青稞的果实没有外壳，故也叫裸大麦。籽粒长 6 ~ 9 mm，宽 2 ~ 3 mm，籽粒形状有纺锤形、椭圆形、菱形和锥形。籽粒颜色有黄色、灰绿色、绿色、蓝色、红色、白色、褐色、紫色、黑色等。

青稞制品

青稞可以做成青稞粥、青稞饭，可以做成青稞酥、青稞爆米花，可以制成青稞罐头，还可以磨成青稞粉食用。

青稞粉可以做成各种美食，比如青稞面条、青稞馒头、青稞松饼、青稞锅盔、青稞糕、青稞面包、青稞蛋糕、青稞饼干等，风味独特，深受人们的喜爱。青稞经发酵还能制成青稞醋、青稞酸奶和青稞酒。

跟着青稞去旅行

7月中旬的一天，爸爸带着儿子来到了西藏，准备领略一下西域高原美景！这个季节的西藏，在蓝天白云和阳光的衬托下美得无法用语言形容。

一早，爸爸带小帅去了布达拉宫，沿着雅鲁藏布江逆流而上，到了日喀则。

车子行驶在山路间，小帅望着窗外，看到远处成群结队的藏民穿着传统服饰，在田间行走。

“爸爸，爸爸，你往旁边看看，那儿是不是在举行什么活动呀？”小帅回过头问。

爸爸把车靠边停好，看向田野说：“这是藏民的传统节日——望果节，他们正在庆祝丰收呢。”

“今天正好过节吗？”小帅接着问，“‘望果’是盼望果实成熟的意思吗？”

爸爸说：“望果节可是个特别的日子，一般在谷物采收前举行，并不是固定的某一天，而是根据当地农作物的成熟情况，由藏民们自己定日子。”

“至于‘望果’的意思嘛，”爸爸继续说，“这其实是藏语的音译。藏语‘望’指田地，‘果’是转圈的意思，连起来可以理解成‘围着丰收在望的田地绕圈’。”

“难怪他们绕着田边走呢！”小帅趴在车窗上说。

“是呀。”爸爸点点头说，“这田里种的是青稞。你看这场面多庄重、多喜庆呀！”

大大小小的青稞田，遍布在起伏的高原间，阳光下的青稞摇曳着。盛装的藏民们背着背篓，举着青稞穗，围绕着即将丰收的青稞田祈福、载歌载舞等，虔诚地向土地和粮食致敬。

父子俩一时都没说话，仿佛也被这样的虔诚感染，静静地看着远处的热闹场面。

直到小帅摸摸小肚皮说：“肚子饿了。”

父子俩才快马加鞭，开车来到了当地的一家藏餐厅。

刚下车小帅就迫不及待地说：“爸爸，西藏真美丽啊！我猜好地方一定会有好吃的，咱们快去尝尝吧！”

爸爸关上车门，摸摸小帅的头，宠溺地说：“你这小馋猫，走，咱们去探一探，看看有哪些地方特色美食。”

“会有咱们看到的青稞做的美食吗？”小帅偏着脑袋看向爸爸问道。

“青稞可是西藏地区重要的主粮。”爸爸看着眼前人来人往的餐厅说，“这么受欢迎的地儿，那必须要有青稞呀。”

“爸爸，你之前也没见过青稞吧？”小帅又疑惑地问道，“刚才你又是怎么知道那儿是青稞地的？”

“哈哈。”爸爸分析道，“西藏海拔高，日照强，天气较为干燥，并不是所有的植物都能适应这里的气候，但青稞却特别适合这里的高原气候条件。这里简直是它的‘理想乐园’。更何况……”

“更何况什么？”小帅追着问。

“更何况这日喀则有最优质的青稞，是世界上有名的‘青稞之乡’啊！”

“噢……”小帅恍然大悟，“原来你早就考察好了啊！”

“哈哈。”爸爸大笑着说，“爸爸带你出来玩，哪能不做攻略，哪能没有准备啊！”

“嘿嘿。”小帅拍拍爸爸，俨（yǎn）然一副‘小大人’的语气跟爸爸说，“爸爸，你真棒！”

“那当然啦！”爸爸拍拍胸脯说，“‘望果节’的时候藏民们还会赛马、射箭、唱歌跳舞、唱藏戏、献哈达、喝青稞酒呢。待会儿吃饱饭咱们再去看看，活动可丰富啦！”

“听起来不错！”小帅说，“可咱们中午到底吃什么呢？”

服务员过来报了一连串儿青稞美食，饼、面、粥、饭、馒头、锅盔样样有，还有奶茶和酒。选择太多，小帅一时间不知道怎么选啦！

爸爸想了想说：“来碗青稞面条吧！”

小帅紧接着说：“那我也要吃青稞面条，我最爱吃面条了。”

店里正在播放采收青稞的影像，等餐的间隙，父子二人看了起来。视频中的藏民们站成一排打青稞，一边打青稞一边唱歌儿，一点儿一点儿往前走。

小帅看了会儿问道：“爸爸，他们在唱什么呀？你能听懂吗？”

爸爸摇摇头说：“他们唱的是藏语歌，我也不懂藏语。不过汉语字幕上显示了大概意思，是‘打啊打啊，用力地打，唱啊唱啊，使劲地唱，丰收的麦子堆成山’。”

“为什么唱的是麦子呢？”小帅不解地问，“这不是在打青稞吗？”

“这个问题我倒是知道，”爸爸笑着说，“因为青稞也叫裸大麦，属于大麦的一种。”

“噢噢。”小帅点点头说，“原来这样啊！”

爸爸接着说：“青稞既可以食用，也可以作为药物呢！根据藏医药典籍的记载，青稞已有3000多年的医用历史啦。在藏医药中，青稞可是能治病的良药！”

“哇！青稞这么厉害啊，待会儿我可要多吃点儿！”小帅忍不住说。

“也不能一下吃太多，不好消化。”爸爸顺势说，“吃东西要注意搭配，比如青稞和蔬菜一起吃，能补充铁元素，预防缺铁性贫血；和大米混合着做成青稞饭，能补充膳食纤维，增强抵抗力；和红豆搭配，能补血益气，强身健体。”

“嗯嗯。”小帅点点头，“知道了，好吃就行！”

小帅又发现了什么，好奇地和爸爸说：“那边收银台上摆着的装饰品好漂亮啊，它里面装的不会也是青稞吧？”

“可能是，那好像是藏族传统的‘五谷斗’吧！”爸爸说，“青稞不仅仅是粮食，它还是藏族文化的代表，有吉祥如意的寓意哦。”

“青稞好特别呀！”小帅说，“爸爸，你快给我讲讲青稞的故事吧，咱们吃饱了再去好好看看它！”

“没问题。”爸爸答应得格外爽快。

博士爸爸讲青稞

关于青稞的起源有一个传说。相传古代有一位善良的王子，为解决人们的温饱问题，历经千辛万苦，从蛇王那里盗得了青稞种子。经过辛勤播种，人们吃上了用青稞做的香喷喷的糌粑（zān ba），喝上了醇香的青稞酒。“糌粑”是藏语音译过来的，指的是炒面（经过炒熟磨制的谷物面粉）。

除了传说，关于青稞的起源，存在两种观点：一种认为青稞由西藏野生大麦驯化而来，另一种认为青稞源自西亚驯化大麦，后传入中国。无论青稞起源于西藏还是西亚，可以肯定的是青稞在青藏高原的栽培历史非常悠久，可追溯到3500年前。

今天的青稞已经适应了青藏高原极端的环境条件，在高海拔和高寒地带的温度和湿度下，吸收了充足的阳光和清洁的空气。青稞不仅生命力顽强、产量稳定，而且容易栽培。

青藏牧民身边最主要的干粮就是糌粑，外出携带也十分方便。外出的牧民会把糌粑放在口袋里；再带点酥油、茶叶和盐，加上热水制

成酥油茶。糌粑加上酥油茶，那就是一顿美餐。简单的糌粑，能让在外条件相对艰苦的牧民获得更方便的食物和充足的能量，补充维持生命的维生素、膳食纤维及矿物质。听说青稞酒还可以有效缓解高原反应！青稞酒中香气物质的含量适中，喝了之后不头痛，不口渴。

青稞是麦类农作物中含 β–葡聚糖成分最多的农作物，具有降血脂、降胆固醇、防止心脑血管疾病等功效。同时，青稞还含有多种矿物元素，如钙、磷、铁、铜、锌、硒等，以及维生素 B_2 等营养物质。

青藏高原地区因为海拔比较高，能够获取的氧气少，常吃青稞可以祛除湿气，补脾养胃。但青稞虽好，也不能贪吃哦，吃多以后容易胀气，特别是消化功能不好的人和肾脏病人更要注意。

美好的青稞选择了这片土地，这片土地上的一代代人民为了让青稞在这儿安家、越长越好，也付出了很多努力。有一首竞相传唱的藏族民歌是这么写的：

人间有了青稞粮，日子过得真甜美；
一日三餐不愁吃，顿顿还有青稞酒。
人人感谢云雀鸟，万众珍爱青稞粒。

谷子

又称小米、粟（sù）、狗尾粟，古称粱。

小小一粒营养好，
历史悠久几千年，
粟有五彩多丰收，
金黄小米常常见。

一起认识谷子

大田图片

小小的谷子聚成团，团团串成一连串儿，黄澄澄的谷子力气大，压得谷穗弯了腰。风跑过来串个门，谷子好客跳起舞，摇头晃脑很开心。

长在地里的谷子近照

谷子叶片呈线状披针形或长披针形，长度在 10 ~ 45 厘米，宽度在 5 ~ 33 毫米，谷穗长度在 20 ~ 30 厘米。小穗成簇生长在支梗上，每一穗会结出成百上千粒果实。

原粮近照

刚收割的谷粒，带着颖壳，颜色偏暗黄。

谷子去壳后叫小米，色泽金黄，呈卵圆形，颗粒很小，直径 1 ~ 1.5 毫米。

谷子制品

谷子去皮后叫小米。小米制品中最常见的就是小米粥了，软糯滋润，十分适口。还有健康美味的小米炒饭、营养搭配均衡的小米汤菜、酥脆的小米锅巴、松软可口的小米糕、爽滑开胃的小米凉粉、清香脆口的小米酥、香甜黏糯的小米鲊(zhǎ)，样样招人喜爱。

跟着谷子去旅行

爸爸开着房车带着小帅走遍全国，这次和小帅来到了河北省蔚（yù）县。

清晨，小帅还没起床，爸爸一边念着古诗，一边做着早点。

“春种一粒粟（sù），秋收万颗子。四海无闲田，农夫犹饿死。”

小帅伸伸懒腰，醒了：“爸爸，你念的这首诗，我知道，叫作《悯农》。我还知道这首诗的意思，那就是春天播下一粒种子，秋天就能收获很多粮食。天下这么大，就没有哪块田不种粮食，但却还有吃不上饱饭、饿死的农民。”

“学得不错。”爸爸回过头看着小帅说，“快起床吧，穿好衣服。爸爸今天就带你认识认识《悯农》中的‘粟’。”

“好哦。”小帅边穿衣服边说，“爸爸，你做的什么早饭呀，好香啊！”

爸爸把一碗小米粥和鸡蛋放在了桌上，说：“你洗漱完过来尝尝，今天的早饭很养胃呢。”

“好啊好啊。”小帅火速地收拾好跑到桌边，一眼就被黄灿灿的小米粥吸引住了，“哇，爸爸这个粥真漂亮啊，看起来很不错的样子。”

“哈哈，有眼光。”爸爸笑着说，“这小米可是古时候的贡品呢，现在是咱们国家的地理标志产品。中国种植谷子的历史悠久，产出的小米营养丰富，你说好不好！”

小帅睁大了眼睛，赶紧尝了一

口，厚厚的粥油黏稠软滑，米粒均匀，细腻可口，仔细回味还有点儿淡淡的香甜。

小帅又连着喝了几口才说：“爸爸，这小米粥可太好喝了，闻着香香的，喝下去肚子里暖暖的。”

“是不错吧。”爸爸端起粥喝了一口，慢慢地说，“其实呢，咱们现在吃的这个，就是粟。古代的粟就是现在所说的谷子，将谷子的果实去皮后，得到的就是小米。”

“原来如此啊。”小帅向四周张望着说，“爸爸，你把小米都煮完了吗？我想看看它原本是什么样子的。”

“小米煮熟了会膨胀开，和生的时候看着差不太多，也是黄色的小小颗粒。你看，这生的小米比煮熟的还要小。”爸爸拿了一把生小米给小帅看。

“哇，小米真的好小啊！”小帅伸手捏了一小撮生的小米放在掌心，细细点点的一堆小米看着就有好多好多粒。

爸爸顺手拿了一粒大米放到小帅的掌心。嚯，和大米一比个头，这的的确确是“小米”啦！

小帅看着黄澄澄的小米，想了想问：“爸爸，这个小米，是不是黄米呀？”

“那可不是。”爸爸摇摇头说，“虽然小米和黄米看起来很像，但却是两种不同的作物。小米是去了壳的粟，黄米是去了壳的黍（shǔ），当然不一样啦！小米比黄米小。以后有机会，爸爸再给你好好讲一讲黍的来龙去脉。”

小帅点点头说：“我知道啦，爸爸，那你今天带我去认识认识小米吧。”

爸爸说：“好，咱们今天去田地里，先给你好好讲讲粟的故事。”

博士爸爸讲谷子

谷子，又称粟，古农书称为粱。谷子起源于我国黄河流域，是我国的传统作物。在人类开始农业生产的新石器时代，谷子就已经广泛分布，是古代的重要粮食作物。路边常见的狗尾草，其实就是谷子的祖先。作为最早驯化的栽培谷物之一，人类种植谷子已有七八千年的历史。谷子由我国传至西欧各国。谷子的主产区在亚洲，主要是我国和印度。目前，我国的谷子栽培面积和产量达世界总量的 80% ~ 85%。

“只有青山干死竹，未见地里旱死粟”，说明谷子具有超强的抗旱能力。谷子的种植优势不只这些，它还耐酸碱，能在我国干旱地区和贫瘠的山区生存，是农民伯伯喜爱的一种稳定生产的农作物。谷子的果实去皮后就是小米。小米的颜色有白、红、黄、黑、橙、紫等色，其中黄色和白色最为常见。按成熟的时间，小米可分为早熟、中熟和晚熟三种；按黏性，小米可分为糯粟和粳粟，糯粟蒸煮后的黏性更大一些。

关于“粟”，还有一个成语故事。伯夷和叔齐是商朝的忠臣，商朝被周灭掉之后，为表达对商朝的忠心，伯夷、叔齐不吃大周的饭，只吃野菜。后来听说野菜也是长在大周的土地上的，就连野菜也不吃了。他们说这是忠臣的风采、隐士的风骨，最后两人就这么饿死在了山上。这就是成语“不食周粟”的来历。后来这个成语用来形容那些坚持原则、保持气节的人。“不食周粟”的“粟”，指的就是小米。

小米是一种营养丰富的全谷物，含有丰富的蛋白质、脂肪和维生素。小米非常适合脾胃虚弱的人食用。在胃口不好时，人们也喜欢喝上一碗小米粥，开胃又养胃。熬小米粥时，可加入大枣、莲子、百合等辅料，风味绝佳，营养加倍。小米中的多酚类化合物在辅助治疗糖尿病、心血管等疾病方面具有一定功效。

谷子的用途也不少，茎和叶可作为牲畜的优质饲料，因其中的粗蛋白含量高、纤维素含量少，骡子和马都喜欢吃。小米还能用来酿酒、酿醋。在酒、醋加工过程中产生的酒糟和醋糟也能作为饲料。

“春种一粒粟，秋收万颗子。四海无闲田，农夫犹饿死”，这只是《悯农》组诗中的一首，另一首描写的是盛夏中午，烈日炎炎，农民辛苦劳作，汗珠滴入泥土。有谁想到，我们碗中的食物，粒粒都饱含着农民的血汗呢？爸爸常常和你说要爱惜粮食，浪费是可耻的，从这首诗中，你是不是体会到了粮食的来之不易呢？

最后，我们再朗诵一下这首诗：

悯农

（唐）李绅

锄禾日当午，
汗滴禾下土。
谁知盘中餐，
粒粒皆辛苦。

跟着粮食去旅行——

高粱

又称蜀黍、芦穄（jì）、茭（jiāo）子等，

古代又称木稷（jì）、荻（dí）粱。

笔直个子瘦又长，
秋收时节沉甸甸，
火把映红半边天，
美酒飘香庆丰年。

一起认识高粱

大田图片

秋天到，高粱熟，一片片火红的高粱穗儿，像无数支高举的火把，预示着高粱的丰收。朝阳下，欢声笑语伴着收割机的轰鸣声，是秋收舞台上最动人的配乐。

长在地里的高粱近照

高粱植株由根、茎、叶、花和种子五部分组成。高粱的茎秆直立，较玉米细而坚硬，高 0.5 ~ 5.0 米，横径 2 ~ 5 厘米，地上部分的茎秆一般有 10 ~ 18 个节。

原粮近照

高粱果实，长 3 ~ 4 毫米，宽 2 ~ 3 毫米。高粱籽粒的颜色有黄色、红色、黑色、白色、灰白色及淡褐色。形状有的呈椭圆形，有的呈倒卵形或圆形。

高粱制品

高粱可以做成馒头、饼、米饭、米粥、米糕，还可以酿酒。提取高粱淀粉还能加工成饴（yí）糖。

跟着高粱去旅行

爸爸开着房车带着小帅走遍全国，一天来到了辽宁省铁岭县。

小帅还在睡午觉，爸爸准备趁这个时间做个高粱米糕。

首先把蒸好的高粱米饭盛出来，放进四方的模具中压平整，然后铺上一层厚厚的红豆沙，再铺上一层高粱米饭，又继续添上一层红豆沙和一层高粱米饭封顶。接下来，仔细按压紧实，屏气、凝神、稳住手，倒扣脱模。改刀切成均匀的方形小块儿，高粱米糕就大功告成了。

爸爸看着自己的“优秀作品”情不自禁地哼起了歌：“高粱熟了，高粱红了，红红的高粱，遍地是你红艳艳的身影……”

“爸爸，你又做了什么好吃的，我闻到了香香甜甜的味道。”小帅醒了，抱着薄毯子迷迷糊糊地坐起来，揉了揉眼睛。

爸爸端来一盘高粱米糕放在桌上说：“小馋猫，你的鼻子可真灵呀，快起来尝尝吧，爸爸给你做了好吃的，里边还加了甜甜的红豆沙。”

“耶！太好了！”小帅哧溜一下滑下床，三两步就到了桌边，踮脚一够，人还没坐上凳子，米糕就先到手上了。

爸爸笑着说：“不要着急，这米糕要细嚼慢咽，这样才养胃。”

小帅边吃边点头：“爸爸，这米粒儿圆溜溜的真有嚼头，粒粒分明，和着绵绵软软的红豆沙，越嚼越香呢，感觉和平时的糯米糕有些不一样。”

“那是。”爸爸说，“这个米可不一般，你肯定猜不出它叫什么名字。”

小帅歪着脑袋思索道：“这是不是高粱米？是高粱米对不对？”

爸爸高兴地说：“见多识广，我儿子可以啊！”

“哈哈！”小帅捂着嘴笑，“刚才你唱歌被我听到啦。哈哈哈！”

“也不错也不错。”爸爸开玩笑地说，“睡着了还能‘耳听八方’，厉害厉害！”

“嘿嘿！”小帅问，“爸爸你中午都没睡觉，这高粱米是不是很难煮呀？所以咱们才不常吃，对不？”

“没有没有。”爸爸摇摇头说，“高粱米并不难做，也不少见，以前可还是家庭主食呢！”

爸爸继续说：“是现在咱们生活好了，不但能吃饱饭，还有越来越多的选择，高粱饭相对其他的粮食口感较为粗糙，渐渐地就被其他主食所替代啦。”

“原来是这样啊！”小帅说，“那咱们现在就不种高粱了吗？”说罢看着桌上的高粱米糕皱起眉头，自己又补了一句，“其实偶尔换着吃也还不错呢，好可惜啊。”

“瞧你愁的。”爸爸摸摸小帅的小脑袋笑着说，“走，去外边看看吧。”

小帅推开车门，一片片火红的田地映入眼帘，一眼望不到尽头。风浪拂过，像是红色的海洋连绵起伏，像是美丽的小姑娘在阳光下盛情跳跃。

小帅激动不已，不敢置信地问：“难道这是高粱吗？真的是高粱吗？”

小帅向着田野边跑边说：“一定是吧，这么高，这么红，肯定是高粱啦！”

“这下放心了吧！”爸爸点点头笑着说，“高粱呀一点儿也不少种，现在

多用来酿酒，你爷爷好的那一口二锅头就是用高粱做的。”爸爸说着比了个顶呱呱的大拇指，“这酿高粱酒的工艺啊，咱们国家可是独一份好呢！”

“太好了，太好了！”小帅开心极了，笑得小脸红扑扑地，跟那高粱红一样。

爸爸看着小帅手舞足蹈，蹦跶来蹦跶去，更是觉得不虚此行。

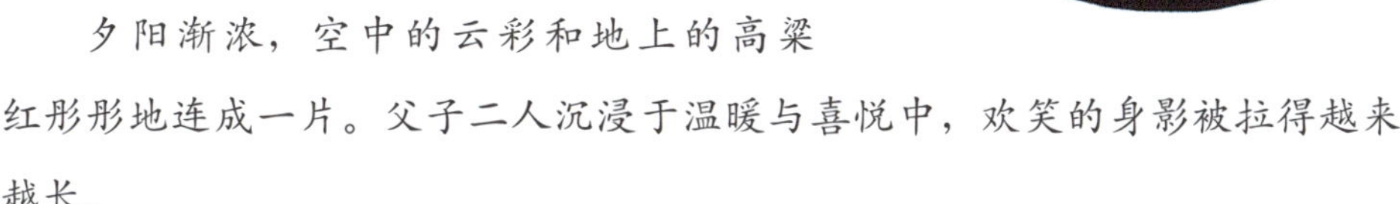

夕阳渐浓，空中的云彩和地上的高粱红彤彤地连成一片。父子二人沉浸于温暖与喜悦中，欢笑的身影被拉得越来越长。

“爸爸，你多给我讲讲高粱吧，我好想知道高粱的故事啊！”

“好！爸爸给你慢慢说……”

博士爸爸讲高粱

高粱是人类种植的最古老的农作物之一。很久以前，高粱只是路边随处可见的野草。直到有一天，人类发现它可以食用，从此就开始了对高粱的采集、驯化和培育。今天高粱的模样，其实是“野草”长期演变的结果。

我国已发现拟高粱和光高粱两种野生高粱。据考古学家发现，远在西周至西汉时期高粱已在我国广泛分布，至今约有 4000 多年的栽培历史。

高粱这种农作物的特别之处就是抗涝、抗旱、抗盐碱、耐贫瘠。有这些特性傍身，高粱在热带地区和温带地区的夏天，都能茁壮成长，开花结果。如今高粱在中国各地广泛种植，播种最多的是东北地区，还有河北、山西、陕西、宁夏、新疆等地。

高粱的用途很多。酿造型高粱供酿酒使用；食用型高粱曾是中国北方地区的主要粮食之一；糖用型高粱也叫甜高粱，甜高粱的茎秆高且纤细，可用来制作糖浆；帚用型高粱的穗松散，籽粒少，用来扎笤帚；饲用型高粱晒干后是动物饲料的良好来源。高粱外壳颜色较深，还是提取天然色素的重要原料。

除了这些，甜高粱茎秆中的糖经生物发酵转化成酒精，可以单独使用，也可以与汽油混合，用作汽车燃料，是一种绿色可再生能源。

高粱酒的诞生，提升了高粱在粮食作物中的地位。可以说高粱就是为中国白酒而生的啊！粮食那么多，为何高粱能成为酿酒王者？这与高粱的组成成分密切相关。简单地说，酿造白酒的过程就是淀粉变成糖，糖再变成酒的过程。用于酿酒的红高粱籽粒中含有大量淀粉，为酒的生成提供了充分的糖。高粱中有一种成分叫单宁，可以抑制酿酒过程中有害微生物的生长和繁殖。此外，单宁产生的丁香酸、丁香醛等香味物质，赋予了白酒馥郁的香味和醇香的口感。而且高粱中的脂肪和蛋白质含量比例平衡，酿出来的高粱酒在颜色、香气和味道上都完胜其他粮食酿的酒。

此情此景，有首诗写得好啊——

高粱

（清）张玉纶

芳名传蜀黍，嘉种遍辽东。
盛夏千竿绿，当秋万穗红。
影全迷渭竹，色欲艳江枫。
漕运天仓满，飞随海舶风。

燕麦

跟着粮食去旅行

又称雀麦、野麦子、油麦、玉麦等。

耐旱耐寒产量高，
又弹又韧口感佳，
麦片莜（yōu）麦都是它，
风靡中西人人夸。

一起认识燕麦

大田图片

燕麦喜欢广阔的土地和充足的阳光，稍微干燥冷凉的地方也适合它。未成熟的燕麦是绿色的，成熟时是金黄色。

长在地里的燕麦近照

燕麦的茎秆直立光滑，叶舌大，没有叶耳，叶片扁平；燕麦穗轴呈直立状或向下垂。燕麦为圆锥花序，花序顶生。成熟了的燕麦像一串串小风铃，随风摇曳。

原粮近照

皮燕麦的籽粒有外稃（fū）包裹；裸燕麦的籽粒直接裸露在外面，裸燕麦也叫莜麦。

燕麦的果实腹面有纵向的小细沟，背面有稀疏的茸毛。燕麦果实的粉末介于灰色与米色之间，呈现一种淡淡的黄灰色。

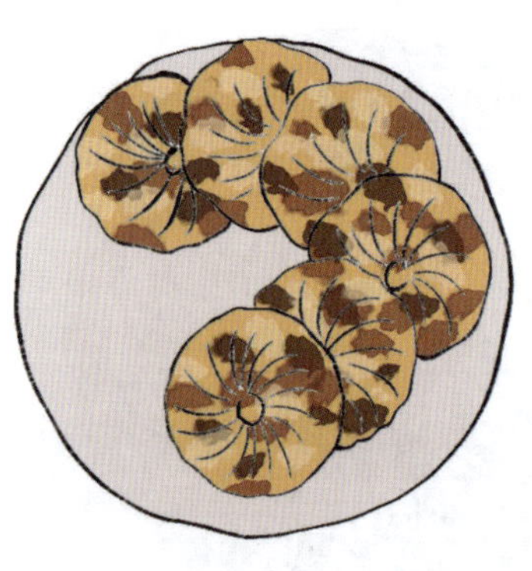

燕麦制品

燕麦的种子可以磨成燕麦粉，燕麦粉可以用来制作各种食品。燕麦粉是制作饼干、糕点等的原料，还可以做燕麦奶。经过细加工的燕麦可以制成燕麦片，食用方便，口感也不错，是深受人们喜爱的早餐食品。北方人爱吃的莜面条、莜面鱼鱼、莜面窝窝都是燕麦制成的。

跟着燕麦去旅行

爸爸开着房车带着小帅走遍全国，一日来到了内蒙古自治区呼和浩特市武川县。

蓝天白云，天朗气清，阴山山脉横亘东西，燕麦田一望无际，共同勾画出一幅田园画卷，铺开在眼前。

父子二人吃完早点，按捺不住兴奋的心情，出去散步。

小帅学着爸爸的样子张开双手，深深呼吸着大自然的味道，感受着风的自由。

“哎呀！”小帅突然喊了一声，“爸爸，这天上掉下来的是什么呀？啊，不会是鸟屎吧。”

爸爸笑着说：“应该不是鸟屎。来来来，别动别动，让我瞧瞧啊！”

爸爸用手指捻起小帅头上的“小东西”，回答道：“哎哟喂，原来是从小鸟嘴里掉下来的燕麦呀！这儿的燕麦，还是中国重要的农业文化遗产呢。”

小帅有些摸不着头脑，疑问道：“这里有燕麦？是燕子吃的小麦吗？小鸟也吃燕麦吗？”小帅学着小鸟飞的动作笑起来。

爸爸环顾四周，抬头看了看天空说：“快要入冬了，小鸟要把燕麦衔回窝里当过冬的储备粮。这燕麦和小麦可是大有不同。”

小帅好奇道：“爸爸，爸爸，小

鸟们看起来很喜欢燕麦呀。那我们人类能吃燕麦吗？”

爸爸笑着说：“今天早餐吃的莜面鱼鱼就是用燕麦做的，你说好不好吃呢？”

小帅抿了抿嘴回味似的说：“莜面鱼鱼那可太好吃了！”

小帅来了兴致，像小燕子一样围着爸爸绕圈圈，边跑边说：“爸爸，爸爸，你快给我讲讲燕麦的故事吧。”

爸爸扶了扶眼镜说：“好，咱们到燕麦田去看看，边走边讲。”

博士爸爸讲燕麦

燕麦耐寒、耐盐碱，生长在相对干旱又寒冷的高原地区。有一天，专管粮食的周朝始祖后稷在野外寻觅粮食，他发现了这种跟麦子很像的作物，鸟儿吃它的果实，牛羊啃它的茎秆。看到燕雀极为喜爱这种作物，他便将其命名为雀麦，也就是今天的燕麦！《本草纲目》记载：“燕麦多为野生，因燕雀所食，

故名燕麦。”

燕麦分为皮燕麦和裸燕麦，皮燕麦主要用作饲料，裸燕麦的籽粒供食用。国内外研究表明，大粒裸燕麦起源于中国，确切来说在山西和内蒙古交界一带，然后，逐渐从那里传播到了世界各地。

2000 多年前，咱们国家就开始种植大粒裸燕麦啦。大粒裸燕麦不带外稃，也叫莜麦。咱们吃的莜面、莜面鱼鱼、莜面夹夹、莜面推窝窝（也叫莜面栲栳栳［kǎo lǎo lao］），都是燕麦做的。

相传，清代康熙皇帝远征噶尔丹时，为了体验当地民情，曾在归化城品尝过莜面，并给予了高度的认可。莜面一直都很受欢迎，可以蒸，可以煮，可以配汤、蘸料、凉拌，美味可口！

民间有句谚语：“四十里莜面，三十里糕，十里荞麦饿断腰。”意思是说，吃一顿莜面饭能一气走四十里，吃一顿糕饼能走三十里，吃一顿荞麦饭也就能走十里。也就是说吃莜面更经久耐饿。

燕麦的营养价值较高。其中的蛋白质、脂肪、维生素、矿物元素和可消化纤维含量都要比小麦、玉米、水稻高。燕麦还含有丰富的抗氧化物质，在促进消化、排毒养颜、减肥减脂等方面有一定功效，被誉为“生命的奇妙元素”。燕麦是不是很厉害啊。

西方人常吃的燕麦片跟咱们的莜面都是燕麦，但品种稍有不同。咱们吃的多为裸燕麦，而欧洲人吃的燕麦片多由皮燕麦制成。

随着现代食品加工技艺的发展，燕麦片早已成为日常生活中常见的食物了。1986 年，我国第一袋国产燕麦片在内蒙古诞生。如今，咱们中国的燕麦片已走向世界啦。

要制作燕麦片，首先是“海选”环节，入选的燕麦们会进入清洗阶段，去掉灰尘、草籽等杂质。清洗后的燕麦要先脱壳，再脱麦芒，只留下燕麦粒。去壳后的燕麦粒还要再清洗一次。接下来可重要啦，将燕麦切粒、汽蒸、压片，将燕麦中的酶灭活，燕麦就能变得相对稳定，乖乖地接受“变身改造”。这一系列过程下来，就得到咱们熟悉的燕麦片了。

除燕麦片，燕麦还可以加工成很多美食。你爱吃的酸奶、饼干、能量棒里常常有燕麦片的身影。现在市场上还有燕麦奶呢！不是燕麦加牛奶，而是用燕麦做的谷物饮品哦，回头咱们也尝尝去。

爸爸给你念一首关于燕麦的诗歌吧，是唐代诗人齐己创作的。

湘中寓居春日感怀

（唐）齐己

江禽野兽两堪伤，
避射惊弹各自忙。
头角任多无獬豸（xiè zhì），
羽毛虽众让鸳鸯。
落苔红小樱桃熟，
侵井青纤燕麦长。
吟把离骚忆前事，
汨罗春浪撼残阳。

跟着粮食去旅行

shǔ
黍子

又称黍谷、黄米、黏糜（méi）子等。

小小一粒用处大，
制作美食花样多，
年节庆典常做客，
难忘家乡好味道。

一起认识黍子

大田图片

远观黍子田地，蓬松松的黍子穗头弯着腰立在田地里，列成一个个方阵。黍子成熟后，田地里一片金黄。风吹过，黍子地形成的“波浪”向远方传去。

长在地里的黍子近照

黍子的穗是一条条的样子，犹如亭亭玉立的少女的辫子。

仔细看，细细的长穗上挂着的黍子粒并不是圆球形的，而像一个个小圆锥。松散或展开的花序沉甸甸地弯垂着。

原粮近照

脱壳后的黍子籽粒较大，色泽金黄。煮熟后有黏性，又称大黄米、软黄米。

黍子制品

把黍子磨成粉后，可以蒸窝窝、蒸年糕、做黄糕、炸油糕、做元宵等。这些黄灿灿的美食黏糯筋道，香软可口，是黄河流域一带的特色美食。

跟着黍子去旅行

爸爸开着房车带着小帅走遍全国，今天他们来到山西省忻（xīn）州市繁峙（shì）县。

车行近田地，小帅看着远方说：“爸爸你看，这儿的谷子也要丰收啦！”

爸爸回答说：“这可不是谷子哦。”

小帅想了想说：“那这肯定是糜子吧？”

爸爸又说：“这也不是糜子哦。”

“啊……”小帅挠挠头一脸困惑，“看着好像啊，那这田里种的黄澄澄的东西到底是什么呀？”

“这是黍子。”爸爸笑着说，“黍子和糜子就像‘双胞胎’，虽然长得差不多，但是‘性格’可不一样。《本草纲目·谷部·稷》里面记载，‘稷与黍，一类二种也。黏者为黍，不黏者为稷。’这里边的‘稷’，民间称之为‘糜’。”

“这大意是……”爸爸刚想继续说，小帅就接上话了。

“就是说黍子和糜子虽然长得像，但是黍子煮熟后会变得软糯，而糜子不会，就像糯米和大米一样！”

“没错，真聪明！”爸爸高兴地说，“为了奖励你，咱们去尝尝这儿的特色美食，保准你喜欢。”

“耶，真棒！”小帅开心地大喊。

在小帅的欢呼声中，父子俩来到了当地的农家饭馆。热情好客的店家上了两道“看家菜”，一碟蒸黄糕，一碟炸油糕。

刚出锅的炸油糕还带着“滋啦滋啦”的脆响，丝丝缕缕的香气不住地往鼻子里钻。小帅迫不及待地伸出筷子就要向炸油糕“下手”，没料到爸爸动作更快——往小帅的碗里飞速地添了块蒸黄糕。

“先尝尝这个。”爸爸说，“那炸油糕里边有馅儿，现在吃肯定烫。”

小帅有些不情愿地挑起碗里的蒸黄糕直接“一口闷”。

嚯！没想到蒸黄糕这么香呢，又软又糯又筋道，越嚼越能品出黍子特有的清香味儿。

小帅也有模有样，像爸爸那样从大盘子里用筷子一夹，分下一小块、一小块的蒸黄糕，一口配上肉，一口配上汤，一口配上蘸料，一口配上烩菜……别说，这蒸黄糕可真是百搭，简单的方法吃出了好几种口味来。

小帅吃得开心了，根本停不下来，爸爸赶紧抛出了话题，吸引他的注意力：“你知道吗？这蒸黄糕的做法和常见的面点、糕点还不太一样呢！”

“是吗？”小帅果然停下筷子抬起头，一脸好奇地看着爸爸。

“大部分的糕点、面点都是先成型后制熟，但蒸黄糕不一样。要先将黄米面加入适量的水湿润再搓散，然后上锅蒸，蒸熟了再趁热揉搓成糕。”

“蒸好粉再揉糕吗？”小帅想象了一下画面，不可思议地说，“哇，那真是‘铁手’啊！刚出锅的糕得多烫啊！”

“现在有隔热板了，但大部分的制作习惯，还是徒手操作的。”爸爸佩服地说，“咱们吃的蒸黄糕有多筋道，这揉糕就花了多大功夫！”

“果然高手在民间啊！”小帅十分崇拜地说。

“这炸糕也是老百姓的智慧，先蒸好黄糕，再包上馅料，入锅炸至表皮金黄略微起泡，又是一道不一样的美味！”

爸爸给小帅夹了一块金灿灿的炸油糕，现在正适口。

“好吃！”小帅说，“果然外边脆脆的，里边软软糯糯的，配着甜甜的豆沙馅真香！”

爸爸也夹了一个尝尝，嚯！馅儿居然是不一样的，脆糯的炸糕配上喷香的馅儿真是好滋味。

小帅摸摸小肚子左看右看，发现大家都在津津有味地吃着黄糕，说道：“爸爸，你给我讲讲黍子的故事吧！正好边听故事边消食儿。”

“习惯的味道总是让人难忘，这地界有句话说得好，‘不知道吃什么的时候，总是会想起黄糕’。”爸爸说，“你边吃我边给你讲讲黍子。”

博士爸爸讲黍子

黍子，是单子叶禾本科植物，其形态特征与糜子相似，但其为糯质，性黏，去皮后称大黄米或软黄米。黍子与人类风雨同舟、相携相伴已有几千年历史了。早在8000多年前，人类就开始种植黍子，在河北磁山新石器时代遗址中发现的谷物样本就是证据。由于黍子适应性比较强，在相对低温和干旱的环境中也能生长，更适宜在一些农业种植条件不佳的地区进行种植。所以《齐民要术》中把它说成是开辟荒地的先锋作物。目前，我国华北、西北、东北等地均有栽培，主要种植区在山西、内蒙古、黑龙江等地。在国外，多分布于印度、尼日利亚和俄罗斯。

黍子可谓是粮食中的贵族，就连孔子也对它青睐有加呢！《韩非子》中有个叫“贵黍贱桃”的故事，讲的是春秋时期，鲁国的国王请孔子吃桃子，同时端上来一盘黍子，让孔子用黍子清理桃毛，可是孔子认为这去除桃毛的方式不妥。因为黍、稻、稷、麦、菽为五谷，五谷当中以黍为首，我们祭奠先人用的就是黍子。而瓜果当中，桃子排在后面。用五谷之首去清理水果之尾，这是不合乎礼法的事情。鲁王觉得孔子说的有道理，于是传令下去，以后都不许用黍子清理桃毛。

黍子受到人类如此重视，也是当之无愧的，因为小小的黍子里有很多营养，不但营养物质种类齐全而且含量高，是干旱、半干旱地区的主食及主要营养来源。黍子中的碳水化合物经过水解后产生大量还原糖，可以用来制作麦芽糖、糖浆。粗蛋白质和粗脂肪的营养价值也优于大多数谷类作物，黍子蛋白质有益于胆固醇代谢和提高高密度脂蛋白。黍子还富含钙、铁、钾、锌、膳食纤维、多酚类等营养物质，具有降低胆固醇含量、清除自由基、降血糖、抗氧化、预防肝损伤等功能。此外，黍子也是我国传统的中草药之一，主治身体乏力、头晕、中暑等症状，是食疗保健界的宠儿。

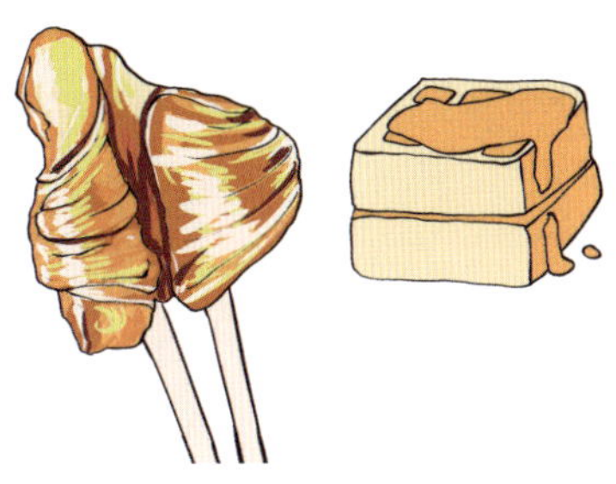

黍子有一身本事，能做出很多美食，形色俱佳又营养健康。黍子加工成黄米面，与各种食材搭配，能做出各式各样的美食，比如黏豆包、驴打滚、黄米凉糕、黄米蒸饭、粽子、腊八粥等。黍子籽粒外壳经过处理后提取的色素，是食品工业中天然的色素添加剂。用黍子酿酒，出酒多，味道香醇。黍子的秸秆是优质饲料，能为当地畜牧业发展提供有利条件。因此，黍子是我国重要的粮食作物和经济作物。

对黍子了解得差不多了，爸爸再给你念一首有关黍子的古诗吧：

南陵别儿童入京

（唐）李白

白酒新熟山中归，
黄鸡啄黍秋正肥。
呼童烹鸡酌白酒，
儿女嬉笑牵人衣。
高歌取醉欲自慰，
起舞落日争光辉。
游说万乘苦不早，
著鞭跨马涉远道。
会稽愚妇轻买臣，
余亦辞家西入秦。
仰天大笑出门去，
我辈岂是蓬蒿人。

跟着粮食去旅行——

méi
穈子

又称黄米、夏小米，古称穄。

曾经的主粮，

现在的粗粮。

小小一粒多管饱，

大大作用不挨饿。

一起认识糜子

大田图片

远观糜（méi）子田，齐刷刷绿油油的一大片，像一块巨大的绿毯铺展在大地上。秋收时节，糜子穗换了颜色，与长长的茎秆和叶，交织成一幅金黄色的油画。

不同品种的糜子会呈现不一样的颜色，有黄色、褐色、红色、黑色，还有乳白色的呢。

长在地里的糜子近照

长在田地里的糜子谦虚地颔（hàn）着首，弯着腰，感恩阳光雨露，感恩微风星夜，待到丰收时节变成食物，奉献给你我他。

近观，糜子的穗子细细的，如果不是亲眼所见，很难相信如此纤细的穗上结满了籽实。这满满一把，托在手里沉甸甸的。

原粮近照

糜子去壳后的黄米粒近圆形，小小一粒，直径2毫米左右，呈棕色或暗黄色。

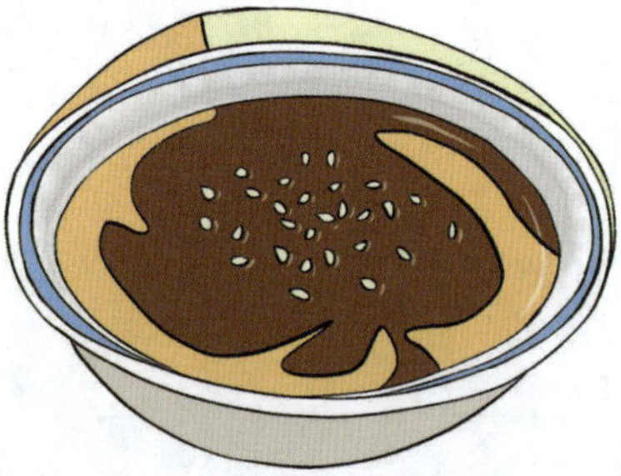

糜子制品

糜子黏性较低，很适合烹煮米饭及制作馒头。黄馍馍（糜面馍馍）是西北人最家常的主食，糜子甜饭也是西北各个餐馆都有的美食。

跟着糜子去旅行

暑假期间，爸爸带着小帅来到了山西省忻（xīn）州市偏关县。

晚饭时分，爸爸想带着小帅尝尝当地的特色，于是来到了小吃街。走着走着，父子俩被黄澄澄的蒸饭所吸引，那上面用蜜枣、蜜豆、葡萄干等果料点缀着，好像还淋着一层蜜，透亮透亮的，闻起来又香又甜。小帅停在小摊前已经迈不动腿了，吸吸鼻子对爸爸说：“嗯，闻着真香，这是什么呀？”

爸爸回答：“糜子甜饭，这可是西北著名的传统小吃！”

小帅一听是传统小吃，心想那一定好吃，于是就迫不及待地想要尝尝。

父子俩点了一份热气腾腾的糜子甜饭，没想到一勺子舀下去，里边竟然还有豆沙夹心。

“嗯，太美味了！”小帅说，“看着很像谷子（小米），但吃起来的感觉还挺不一样。”

“糜子和谷子在田地里的差别还是挺大的：糜子穗子细，谷子穗子粗，糜子看着‘一把把’，谷子看着‘一团团’。”爸爸说，“就是脱壳后呀，也能看出差别。虽然都是黄色的小粒，但仔细看，糜子加工的黄米要比谷子加工的小米略大些，每粒都还有一点儿小凹陷。黄米吃起来略粗糙，但味道也挺好。”

爸爸尝了一口糜子甜饭说：“这糜子单独煮成饭啊，甚至有点儿‘拉嗓子’，但在很长一段时间里，是西北重要的主食。以前，这糜子甜饭啊，就算是‘精品制作’了！”

小帅想了想，有些不理解地问："那大家为什么不吃大米饭或是小麦面呢？"

"因为以前物资匮乏，那时候的大米饭和白面条，甚至是白米粥和白馒头，还很少。"爸爸摸摸小帅的小脑袋说，"不过，你知道吗？这西北以前的人之所以那么依赖糜子作为主粮，最关键的原因还在于这片土地和它的气候特点。西北天干物燥，本就不是水稻能施展拳脚的地儿；再加上多是靠老天爷赏雨的雨养农区，种啥都得看天吃饭，收成多少心里没底啊。这时候糜子可就显出本事来了——它耐旱的功夫那叫一个绝，比小麦更能在这种缺水的环境里稳稳当当地结出果实来，给咱们老百姓提供实实在在的口粮保障。这糜子也是个实在家伙，不怎么挑地，生长期也不算太长，而且用处可广啦，能做成窝窝头、面条、面片……现在生活好了，大家都吃得精细，作为粗粮的糜子反倒成了养生类粮食，制作花样也越来越多。"

小帅点点头说："咱们现在的生活可真幸福，粮食都有这么多种选择！我也想多认识一些农作物，既能品尝美食，又能长知识！"

爸爸清了清嗓子说："那爸爸给你好好介绍一下糜子吧，已经尝了美食，下面就是长知识时间啦！"

博士爸爸讲糜子

糜子是我国土生土长的作物。我国栽培糜子已有七八千年的历史，要比中欧地区早两千多年。

糜子耐干旱、贫瘠，而且生长周期短。此外，糜子也好种植，只需要多锄几次，就能丰收。在陕西有一句谚语："麦黄、糜黄，秀女下床。"意思是说，秋收要抓紧，连家里的女孩子都要参与劳动。只要够勤劳，收完麦子之后还能赶快种一茬儿糜子。 正因为糜子具有这些特性，在悠悠历史长河中，糜子扮演着非常重要的角色。逢着天灾人祸，糜子靠其适应性强、生长周期短、

食用方便，养活了很多百姓。故而糜子的种植地域非常广泛，分布于我国陕西、宁夏、甘肃、山西、内蒙古、吉林等地，其中黄土高原是主产区。在国外，俄罗斯、蒙古国、印度、阿根廷、日本、美国、澳大利亚、法国等也有种植。

我国种植糜子有悠久的历史，我们在很久以前就把糜子当作口粮了。过去糜子饭是西北人的家常饭。随着人们主食的丰富，糜子的食用量有所下降。现在糜子凭借其独特的营养价值，摇身一变，成了美食界的网红。糜子可以做出各种美食，风味各异、营养丰富且食用方便。比如糜子粥，做法简单，味道浓郁，老少皆宜又养胃；糜子油糕，松软可口，还是米酒的绝配搭档。此外，还有浓郁又甘甜的糜子米酒、醇香适口的糜子面茶、美食界的网红黄馍馍、携带方便又解饿的糜子炒米——如今蒙古族的奶茶中加的炒米就是糜子炒米。

此外，糜子的秸秆，可作为天然燃料发光发热，造福人类；去籽粒后的穗子，可捆扎成笤帚，节能环保。

人们研究发现，糜子籽粒中富含淀粉、蛋白质、维生素、微量元素等，且蛋白质含量高于小麦、大米，能够调节代谢、维持机体内环境稳态。糜子中也含有丰富的膳食纤维，由于其具有超强的吸水能力，能够促进胃肠蠕动、提高

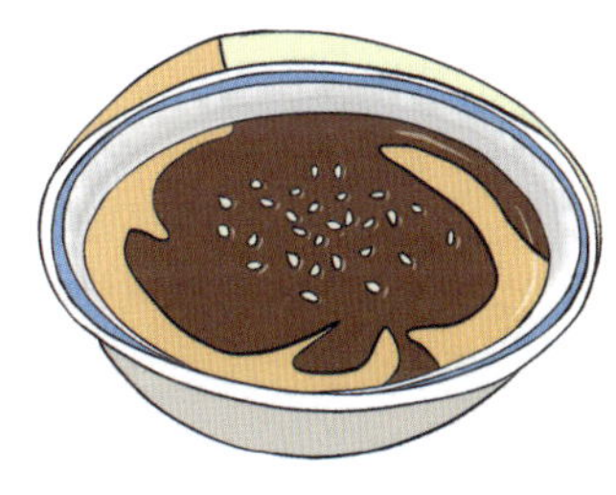

胰岛素的利用率等。因此，糜子在功能食品的研发中占有重要地位，如可作为无麸质原料制作婴儿食品；或是与小麦粉复配，改善饼干等休闲食品的品质。肥胖症、糖尿病、心血管病等患者适合食用带皮糜子。

糜子的淀粉多为直链淀粉。在偏关地区流行着一种酸粥和酸捞饭，老偏关人的一天就是从一碗酸粥开始的。据说偏关人身材都很好，可能与糜子中的直链淀粉含量高和发酵酸粥中的益生菌有关。

最后，爸爸给你朗诵《诗经·小雅·甫田》中的一段，以加深你对糜子的印象，其中的“稷”就是糜子：

诗经 小雅 甫田（节选）

曾孙之稼（jià），如茨（cí）如梁。
曾孙之庾（yǔ），如坻（chí）如京。
乃求千斯仓，乃求万斯箱。
黍稷稻粱，农夫之庆。
报以介福，万寿无疆！

薏米

跟着粮食去旅行

又称薏苡仁、薏仁米、苡米、苡仁等。

圆润可爱“小珍珠”，
药食两用真宝贝，
淡淡清香好美味，
老少皆宜营养高。

一起认识薏米

大田图片

薏苡是一年生或多年生草本植物，茎秆节节高，有很多分枝，一个分枝上能长出 6 ~ 10 个小节，株高 1 ~ 1.5 米。在生长过程中，薏米和植株看起来都是绿绿的，一眼望去，薏米不易被发现。临近收获期，植株下部叶片转黄，薏米也会转变成黄白色。

长在地里的薏米近照

薏苡茎秆分节，直立生长，在节点处长有几片叶片。细长的叶子交错掩映，小薏米就长在其中。

原粮近照

薏米是薏苡的种仁，籽实大多是圆球形或椭圆形的。别看它小小一粒，营养价值却很高。

脱去外壳的薏米一般是白色或者灰白色，像珠子一样光亮，摸起来硬硬的。薏米腹面有一条深凹的宽沟，里面是棕色的种脐。

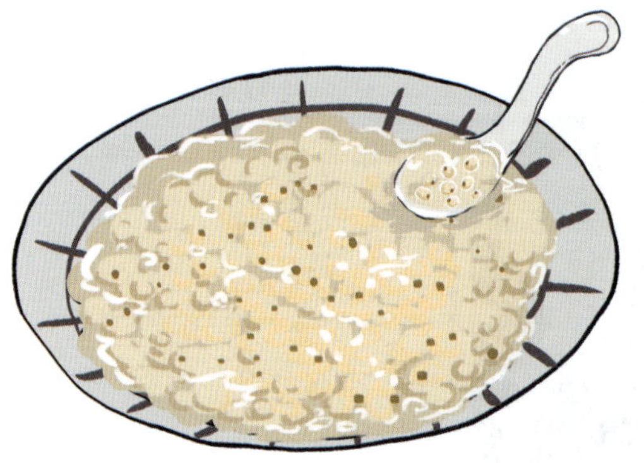

薏米制品

别看薏米个头小，用途可多了。薏米可以煮粥、煮饭、煲汤，味道很香，又很滋补。

薏米还可以用来做薏米酸奶、薏米饼干、薏米酥、薏米酒、薏米豆腐等。不仅如此，薏米还能泡茶、用作豆浆配料、搭配各种甜品等，花样儿多着呢。

跟着薏米去旅行

左盼右盼，终于盼来了暑假。这个暑假，爸爸带着小帅来到了有“薏米之乡”之称的贵州省兴仁市。

盛夏的炎热和旅途的劳累，让人食欲大减。爸爸带着小帅来到当地农贸市场，准备买些薏米，晚饭吃营养又好消化的薏米粥。

农贸市场里农产品琳琅满目，一袋袋装得满满当当的薏米很是显眼。小帅先发现了薏米，鼓着劲儿迈着酸软的腿跑过去，回头向爸爸招手：“这儿有好多！爸爸快来。”

敞开的编织袋露出颗粒均匀、饱满的薏米，用手摸起来圆润光滑，轻轻一放，“哗啦啦”的声响如同洒落的玉珠声，特别惹人喜爱。

“爸爸你看！”小帅指着旁边，那儿除了散称的薏米，还有一摞摞“薏米砖”，整整齐齐地码放了好几层。仔细看，还有印着商标的包装盒。

“看起来真不错。”爸爸说，“已经密封好的真空包装更方便保存和运输，这小小的薏米可是国家地理标志保护产品呢。”

爸爸看了看手边的袋子说：“现在，咱们的薏米不仅销往国内各地，还出口到了韩国、英国、美国、澳大利亚等地。可厉害了！”

小帅不由地提起精神，有点激动地说：“爸爸，称一点儿晚上煮粥吃，再多买些‘薏米砖’带回家给妈妈吧，还有爷爷奶奶、姥姥姥爷和叔叔、伯伯、哥哥、姐姐……”小帅一口气说了好多，一边说着一边“搬砖”，忙活得小脸蛋儿红扑扑的。

“没问题。”爸爸看着小帅说，“但你不考虑考虑其他的薏米制品吗？”

小帅手上不停，说道：“还考虑什么呀？”

爸爸笑着说：“随着研发水平的提高，市场上已经有很多以薏米为原料研发的食品、药品、保健品，甚至是护肤品、化妆品啦！”

小帅看着眼前的薏米目瞪口呆，感叹道：“薏米太厉害了。爸爸，咱们一会儿去选点薏米保健品带回家吧。”

父子俩人收获满满。为满足小帅的要求，爸爸特意熬了一锅原汁原味的薏米粥。

小帅吸溜了一口：“嗯！好喝！好粥！闻起来有点儿淡淡的香气，仔细嚼起来有点儿软糯，还有点儿弹牙。”

爸爸也尝了尝，不禁感叹：“一碗薏米粥，解除暑湿忧。真是养生的好东西。”

“古人诚不欺我，薏米确实美味。”爸爸回味道，“‘初游唐安饭薏米，炊成不减雕胡美。大如芡实白如玉，滑欲流匙香满屋。’”

“好！”小帅鼓起掌，“这几句说得真好，爸爸，你什么时候去长安玩的呀？”

爸爸笑着摆摆手：“哈哈，这可不是我说的，这是宋代诗人陆游作的诗，他可是个美食家呢，对薏米情有独钟。”

小帅点点头说：“薏米是很特别，看着就很招人喜欢，像盛着一碗‘白珍珠’一样。”

“是啊，神不神奇。”爸爸说，“薏米还有个小名叫‘慧珠子’哦。”

小帅瞪着大眼睛说：“哦？那是不是吃了会变得更聪明？”

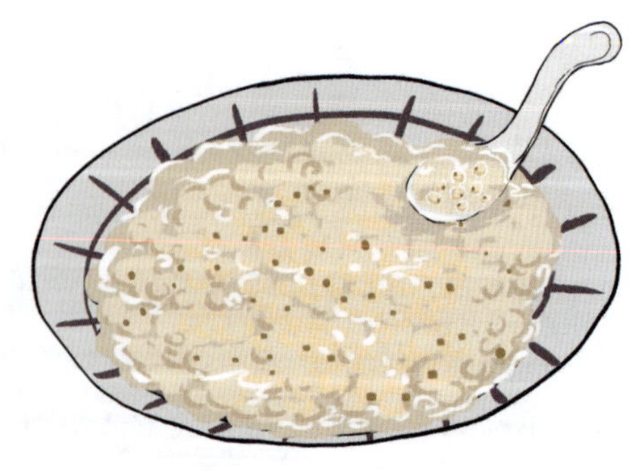

“那可不。”爸爸说，“薏米不仅营养丰富，还是‘药食两用’的好宝贝，价值可大呢。”

小帅接过话说：“如果能加点儿其他东西一起煮，味道就更好了。”

爸爸朗声笑道：“说起这薏米的饮食搭配啊，还真是门学问呢。”

小帅来了精神：“爸爸，那你快给我讲讲。”

博士爸爸讲薏米

关于薏米的文字记载可以追溯到黄帝时期。《山海经·海内西经》有记载：“帝之下都，昆仑之墟……有木禾。”这里的“木禾”指的便是薏米。到了后世，薏米更是走向餐桌，成为备受人们喜爱的食物。

薏米性格很随和，一般土地均可种植。在我国以贵州、福建、湖南、广西、云南等地为主，在东南亚国家也有不少它的兄弟姐妹。

薏米既可以食用，又可以药用，与不同食材搭配能起到不同的作用。例如，薏米与粳米搭配，健脾祛湿；薏米与白酒搭配，治疗粉刺；薏米与枇杷搭配，清热养肺；薏米与山楂搭配，健美减肥……这些都是祖传的良方。在《本草纲目》和《神农本草经》中都有薏米相关功效的记载。

薏米含有丰富的营养物质，不仅含有赖氨酸、亮氨酸、精氨酸等人体必需的 8 种氨基酸，还含有维生素、薏苡素、薏苡酯、三萜化合物等多种活性成

分，在调节人体免疫、清除自由基、降血糖等方面均有功效。此外，薏米还有强筋骨、健脾胃、清内热等功效。

相传，在东汉光武帝刘秀时期，交趾（zhǐ）地区发生了征侧、征贰姐妹的叛乱。将军马援请缨出征，但令人意想不到的是，作战损耗很大。可怕的不是叛军，而是南方湿热的气候和遍地的瘴气。这些使得士兵们手脚麻木、下肢肿胀。

见此情状，马援当即传令张贴悬赏告示：只要能献药方，治好士兵们的病，奖励纹银五百两！

战事迫在眉睫，终于在悬赏公布的第七天，一个手里拿着打狗棒的乞丐来揭了告示，说这是“脚气病”，自己有治“脚气病”的办法。那人抓了一把当地到处都有的薏米，说是只要将这薏米熬成汤喝了，士兵们的“脚气病”就会好了。马援立即让随军的大夫去熬汤，分给士兵们喝。果然没几天，士兵们的“脚气病”真的全好了。

原来薏米有除湿的作用。薏米熬粥可以健脾祛湿，能守住阳气！无论是病后恢复还是久病体虚，吃点薏米粥，都是极好的。

此外，薏米还有美容和养颜功效，要想让皮肤变得光泽细嫩，可以多喝薏米粥和薏米水。薏米营养丰富热量又低，好消化还不会发胖，是上好的康养食材。

来，咱们一起再读读刚才那首诗：

薏苡

（宋）陆游

初游唐安饭薏米，
炊成不减雕胡美。
大如芡实白如玉，
滑欲流匙香满屋。

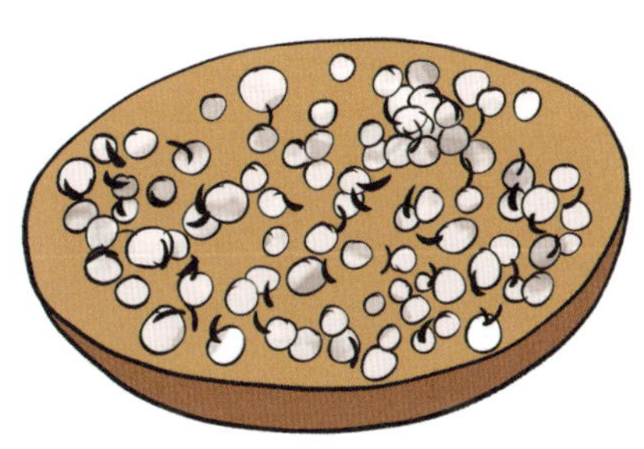

中国粮食地理丛书——第一辑

跟着粮食去旅行

刘明　主编

中国大百科全书出版社

图书在版编目（CIP）数据

跟着粮食去旅行：全三册 / 刘明主编 . -- 北京：中国大百科全书出版社，2025. 8. --（中国粮食地理）.
ISBN 978-7-5202-1973-0

Ⅰ. S51-49

中国国家版本馆 CIP 数据核字第 20258X1X40 号

出 版 人 高世屹
责任编辑 王婵红
版式设计 博越创想
责任印制 魏 婷
出版发行 中国大百科全书出版社
地　　址 北京阜成门北大街 17 号
邮政编码 100037
电　　话 010-68363660
网　　址 http://www.ecph.com.cn
印　　刷 北京九天鸿程印刷有限责任公司
开　　本 710 毫米 ×1000 毫米　1/16
印　　张 17.5
字　　数 260 千字
版　　次 2025 年 8 月第 1 版
印　　次 2025 年 8 月第 1 次印刷
书　　号 ISBN 978-7-5202-1973-0
定　　价 108.00 元（全三册）

如此丰富多彩的粮食，你们都能认出来吗？认一认，答案在背面。

1

2

3

4

5

6

7

①木薯 ②藜麦 ③芋头

④马铃薯 ⑤山药 ⑥荞麦

⑦番薯

目录

荞麦

跟着粮食去旅行

又称乌麦、三角麦、荞子、净肠草等。

小小一粒几个棱，

“底座”有个小心心，

三角形的“小麦子”，

说的就是那荞麦。

一起认识荞麦

大田图片

荞麦种下去，几天就发芽，很快就开花。在盛花期，从远处看去，一片片荞麦田好似花海。荞麦花有白色的，有粉色的，还有紫红色的。

长在地里的荞麦近照

荞麦在夏末秋初开花，花朵很小，呈伞房状，花梗上有卵形苞片，每个苞片中有 3 ~ 5 朵花。

原粮近照

刚采下来的荞麦带着硬硬的外壳，它是荞麦三棱形的瘦果，棱边有点儿硌（gè）手，内部是和果实一样形状的种子，籽粒大多是棕黑色或黑褐色。

剥去荞麦的种皮，里边的仁儿是浅色的。荞麦又分甜荞和苦荞两大类，甜荞颗粒呈三棱“角状”，苦荞颗粒呈三棱“圆润状”。还有一种黑苦荞，外壳呈深黑色。

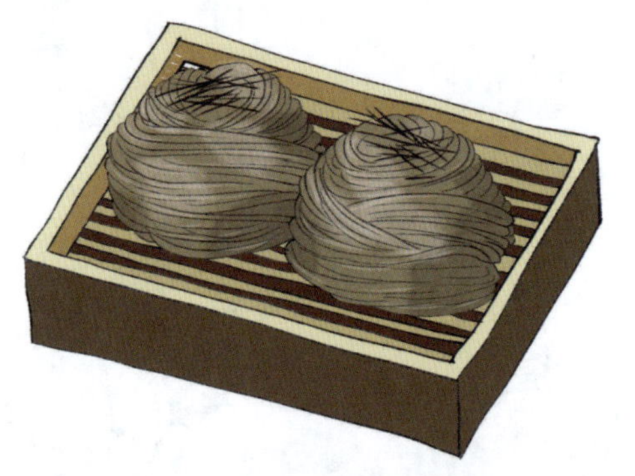

荞麦制品

荞麦可以做成很多美食，如荞麦面条、荞麦脆片等，还有荞麦饸饹、荞麦馒头、荞麦扁团、荞麦凉粉、荞麦蒸饺、荞麦烧卖、荞麦汤圆、荞麦锅贴、荞麦油糕等。此外，还可制成荞麦酥、荞麦仙贝、荞麦锅巴等零食。

跟着荞麦去旅行

在立秋节气前后，父子二人来到了四川省凉山彝族自治州。

绵延起伏的山川望不到尽头，晴空万里。远远望去，层层叠叠的荞麦漫山遍野，秋风送爽，夹裹着丰收的喜悦而来。

车停稳，小帅连跑带跳地奔向荞麦田，田地里已经挨挨挤挤地排上了荞麦堆。

小帅好奇地张望，不时地回头等爸爸跟上。待爸爸走到身边，小帅小声问道："怎么好像不收荞麦了呢？"

爸爸笑笑，示意小帅上前询问正在捆荞麦的伯伯。小帅不好意思地犹豫了一会儿，最终在爸爸的鼓励下鼓起勇气上前礼貌地询问了一番。

伯伯腼腆地笑了笑，友好地答道："这荞麦呀，要收得早。等日头盛了再收啊，一碰就容易落粒了。"伯伯抬眼看了看太阳，"现在啊，日头正盛，是打荞麦粒子的时间啦。"

说话间，伯伯在地上铺开了一张很大很大的编织布，放上之前捆收好的荞麦，扬手用木棍轻轻地击打荞麦穗部，荞麦粒从荞麦穗上纷纷脱落下来。

小帅忍不住想凑上前去看一看，又不知道可不可以。

伯伯看到后笑着说："想看看吗？这荞麦可特别咧！我们彝族种植荞麦的历史最悠久，这个是最好的。"说着比了个大拇指。

小帅开心地点点头，大声地向伯伯道了谢，小心翼翼地蹲下来，摸了摸荞麦粒，惊讶地说："爸爸，这个荞麦真的不一样！"小帅抬高手，凑近仔细看了看，"好像迷你的'三角小沙包'啊！"

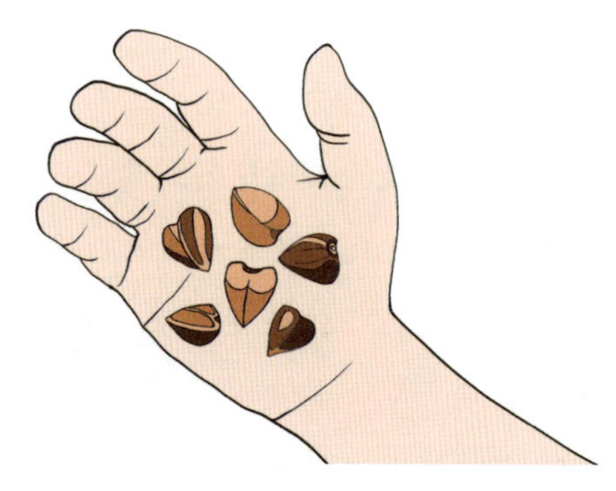

爸爸呵呵地笑起来："是有点儿像！待会儿咱们去看看荞麦面是怎么磨出来的，脱下的荞麦壳还能装进沙包里玩呢。"

"真的吗？"小帅蹦起来高兴地说，"伯伯，我能帮您一起捆荞麦、打荞麦粒子吗？"接着挥舞着小手继续说道，"然后我们能不能跟您买一点儿荞麦呢？"

伯伯朗声笑道："不用买，来，送你点儿。"

爸爸和小帅开心地劳动起来，收获了属于自己的荞麦。

中午，爸爸带着小帅来到餐厅，小帅点名要吃当地的特色——荞麦粑粑。

荞麦带着一股独有的香气，越嚼越甘甜，小帅蘸着蜂蜜，吃得更是不亦乐乎。

小帅吃着吃着，想起了什么似的问道："爸爸，这儿的荞麦好像和之前咱们看到的颜色不太一样。"说着又补充了一句，"好像荞麦面也不一样。"

爸爸点了点头，回答道："这荞麦面啊，还有些讲究呢。常见的有大众荞麦面和二八荞麦面，还有十割荞麦面。"

小帅听得迷迷糊糊，挠挠头说："听起来好难理解啊。"

爸爸仔细说道："其实不难理解。大众荞麦面中荞麦粉含量是30%，二八荞麦面中荞麦粉含量是80%，十割荞麦面中荞麦粉含量是100%。荞麦粉含量越高，面条就越容易断。”

小帅想了想说：“那荞麦面的颜色深浅不同，是不是就是因为荞麦的含量不一样呢？”

爸爸说：“你这小脑袋瓜很聪明呀。常见的荞麦粉多为灰白色，制作食物的过程中因加入水而变成淡褐色。小麦面粉是白色的，它们和深色的荞麦粉混合在一起，荞麦粉含量越少，颜色自然就越浅。”

爸爸思考了一会儿补充道：“也有可能是因为连带着荞麦皮一起，或是品种不同，颜色也会深浅不一。如果荞麦皮脱得足够彻底，磨出来的荞麦粉的颜色也会更浅白一些。”

小帅笑起来：“哈哈，那我都要尝尝看。”

爸爸爽快地回应：“行！不过啊，荞麦最有营养的还是它的麸皮。它的麸皮风味儿也最足，如果都去掉了，反而感觉没那么有滋味了，你尝尝看。”

“嗯嗯。”小帅雀跃道，“爸爸，你也给我讲讲荞麦的故事吧。”

爸爸满意地笑起来：“动手动脑，勤学好问，不愧是我的好儿子！爸爸这就给你讲讲荞麦的来龙去脉。”

博士爸爸讲荞麦

荞麦是华夏大地上的原生作物，栽培历史悠久，但究竟是来自中国北方地区还是西南地区，目前还不能确定。人们在陕西咸阳杨家湾四号汉墓中发现了荞麦种子，距今大概有 2000 多年。有关荞麦的文字记载始见于《神农书》，但直至《本草纲目》，才对“荞麦”这一名称给了解释：“荞麦之茎弱而翘然，易长易收，磨面如麦，故曰‘荞’曰‘荍’，而与麦同名也。”虽名

“荞麦”，但是荞麦中的“麦”与小麦中的“麦”的含义并不相同。荞麦不属于禾本科麦类作物，而是蓼（liǎo）科荞麦属，是一种假谷物类作物。

荞麦因生育期短而作为一年两熟的后茬作物或救荒作物栽培。水稻、小麦、玉米的生长周期都较长，北方地区无法种两茬，且连种产量也不好，而荞麦的环境适应性强，生长速度快，播种后一两天就开始发芽了，三五天就能出苗。一季小麦、水稻等收获后，或前茬作物受灾后可补种荞麦，这样就能在短时间内抢回一茬儿粮食，让农民有好的收成。因此，荞麦是当之无愧的救灾度荒作物。

荞麦中蛋白质含量要高于大米、小麦、小米、高粱和玉米，脂肪含量也较高，而且多数是健康的不饱和脂肪酸。荞麦还富含多种维生素和矿物质营养元素。

荞麦分为甜荞和苦荞，甜荞就是人们常说的荞麦，苦荞是一种珍贵的药食两用作物。由于荞麦含有较多的生物类黄酮，被誉为“五谷之王”，在日本也被称为“21 世纪人类自己能种植的灵丹妙药”，在韩国被叫作“神仙的粮食”。苦荞对人体的血糖稳定和抗氧化非常有帮助，对糖尿病、肥胖、心脑血管等慢性疾病也有一定的预防和治疗功能。

磨荞麦面粉剩下的荞麦壳还可以用作枕头芯，冬暖夏凉、软硬适中，还能够预防颈椎病，洗过晒后，仍然舒适。小小的荞麦浑身都是宝！

荞麦特别喜欢阳光充足但凉爽湿润的气候，高温、霜冻、干旱和呼呼的大风不利于其生长。听起来好像有点儿“挑剔”，但其实啊，荞麦的适应能力可强了，在我国很多省份都有种植。西北、东北、华北及西南一带的高海拔、高纬度地区也有广泛种植。它对土壤的要求不高，能适应其他植物待不惯的地方。

唐代诗人白居易看到月光照进荞麦花的深处，书写了一首唯美而浪漫的荞麦诗歌——《村夜》，爸爸给你读一读：

霜草苍苍虫切切，村南村北行人绝。
独出前门望野田，月明荞麦花如雪。

藜（lí）麦

跟着粮食去旅行

又称南美藜、印第安麦、奎（kuí）藜、奎奴亚藜、灰米、金谷子、奎藜籽、藜谷、藜米等。

粮母传千载，
营养赛玉津，
未来餐中宝，
超级谷生春。

一起认识藜麦

大田图片

未成熟的藜麦是青绿色的，密密麻麻排列有序，像是一片“迷你的小森林”。藜麦的麦穗大而饱满，茎秆苗条，随着时间的推移，阳光会像施魔法一样让不同品种的藜麦显现出不同的颜色。

收获的季节到了，田地里红色、黄色、紫色的藜麦色彩斑斓，错落有致。远远望去，像是专门为了迎接丰收而编织的花毯，一张张铺展在蓝天白云之下，美不胜收。

长在地里的藜麦近照

藜麦喜欢生长在阳光充沛、生态环境优良的高海拔地区。藜麦的“身高”受环境及遗传因素影响较大，0.3 ~ 3 米不等，相差近十倍。穗部形状类似灰灰菜，成熟后与高粱穗相似。藜麦穗一团团、一簇簇的，像花儿一样，颜色有红、黄、紫，色彩斑斓，非常漂亮。

原粮近照

藜麦种子外壳的颜色和种子颜色没有关系，有时不同颜色的种子脱壳后会呈现单一的颜色。

藜麦去掉外壳，得到的籽粒形似小米，呈小圆药片状，直径在 1.5 ~ 2 毫米左右。主要有白、黑、红等几种颜色。其中，白色口感最好，更软糯蓬松一些；黑色和红色口感相对较硬，更有嚼劲，籽粒也较小。

市面上常见的是几种颜色混合在一起的藜麦，既漂亮又营养丰富，食用方便。

藜麦制品

藜麦的食用方式与大米、小米相似，也被称为藜米。常见的藜麦制品有藜麦米饭、米粥、面条和藜麦能量棒等。

藜麦还常被做成西式的汤、沙拉、面包等，健康又美味，十分受欢迎。

跟着藜麦去旅行

爸爸带着小帅来到了青海省海西蒙古族藏族自治州乌兰县。

爸爸准备着早点，小帅被外面藜麦地里收割机的轰鸣声吵醒，揉着眼睛，不情愿地起床了。

爸爸向小帅招招手："小懒虫，起床啦，快来吃早饭吧。"

小帅伸着懒腰："爸爸，外面什么声音，吵得我没有睡好。"

爸爸说："你看看就知道啦。"

小帅拉开窗帘："原来是拖拉机的声音呀。爸爸，这田里像开满花儿一样，五颜六色的，好漂亮啊。"

爸爸端来粥和煎饼，放在桌上："过来看看，今天的早饭也漂亮。"

小帅走到餐桌前闻了闻说："好香，今天的早饭时间好早啊，好像比平时制作得更快些呢。"

小帅尝了一口粥说："这个是什么米呀？像小米但又不是小米的颜色和味

道，一粒粒的米上边还围着个‘小圆环’，好像没吃过呢。”

“观察还挺仔细。”爸爸认可道，“这是三色藜麦粥，比普通的粥更容易煮熟。那一个个‘小圆环’是藜麦的胚芽，吸收了水分膨胀起来。‘小圆环’围绕着藜麦籽粒，可有营养啦。”

“藜麦太神奇了。”小帅说完拿起筷子挑出了几颗小藜麦凑近了看。不管是红色的、白色的还是紫色的藜麦粒，都嵌着浅白色的“小圆环”。还有“跑脱”了的，小小的“圆弧芽芽”落在一边，和晶莹的藜麦粒分开啦。

“快趁热尝尝这个煎饼怎么样。”爸爸说。

小帅夹起两面金黄的煎饼咬了一口：“这是藜麦鸡蛋饼吗？还挺特别。”

爸爸点点头问：“好吃吗？”

小帅又吃了一口煎饼才说：“还不错，但这和藜麦粥的口感就不一样了，一颗颗藜麦咬起来有些脆脆的，嚼着感觉粒粒分明。”

小帅想了想，有些不放心地说：“爸爸，这饼熟了吧？不会不好消化吧？”

“哈哈，这你绝对放心，爸爸给你吃的还能有错？”爸爸笑起来，“藜麦的膳食纤维比普通的米面要高，它的纤维质很好，不是那种硬硬的麸皮，容易烹饪，也好消化。藜麦不仅含有人体所需的多种氨基酸，矿物质含量也比较高，像锰、铁、钙的含量就比较突出，营养全面也很安全，快吃吧！”

“噢噢。”小帅点点头，一边喝藜麦粥，一边大口咬藜麦饼，吃得有滋有味儿。

小帅想了想又问：“爸爸，这藜麦好吃好看又有营养，但并不像小麦、大米那样经常吃，是不是产量少或者很不常见啊？”

爸爸摇摇头说：“咱们没经常吃藜麦是因为藜麦并不是我国的传统粮食作

物，普遍来说，人们还没有养成吃藜麦的习惯，但并不代表它少见或者不受欢迎。”

爸爸继续说：“实际上恰恰相反，藜麦特别受轻食、素食主义者的喜爱呢。它的营养价值已经被越来越多的人知道并认可。藜麦丰富了人们的膳食结构，让粮食的选择更多样化。”

“我也觉得不错。”小帅说，“但我总觉得藜麦的名字里虽然有个‘麦’字，但好像和大麦、小麦不太一样呢。”

爸爸说：“确实不同。藜麦跟大麦、小麦没什么关系，外形也大不相同。农民伯伯正在收割的就是藜麦。吃完饭，我带你去转转，看看藜麦的‘真实面目’。”

“好啊好啊！”小帅点点头说，“爸爸，你先给我讲讲关于藜麦的故事吧。”

博士爸爸讲藜麦

说到藜麦，很多人都会认为它是一种类似小麦的谷物。其实虽然它的名字里有个“麦”，但它跟小麦等禾本科植物可不是“亲戚”，可以说毫无关系。事实上，藜麦属于藜科植物。

那么它又是从何而来的呢？相传，在很久以前，藜麦是神的食物。有一天，太阳神的三太子在安第斯山上狩猎，一不小心摔落山崖，幸亏被当地的一位老农不顾性命危险地救起。三太子很感动，想要报答这位老农，回到太阳宫后和父亲太阳神讲述了自己获救的事。太阳神决定将珍贵的藜麦种子赠予老农，以报答他的救子之恩。所以藜麦便成为安第斯人最重要的粮食。

还有一个传说。古时候，安第斯山区连年遭遇严重的自然灾害，四处饥荒。有一回更是雪上加霜，当地暴发了前所未有的瘟疫。人们饥寒交迫，备受折磨。天神图奴帕不忍生灵涂炭，让自己心爱的小女儿纳斯塔·藜麦来到人间，帮助人们渡过难关。美丽聪慧的藜麦公主不辞辛劳，为人们四处奔波，消除瘟疫，解决困苦。不仅如此，后来凡是藜麦公主走过的地方，都长出了一种茂盛、能够抗拒寒冷的植物。那丰盈的果实具有非同寻常的能量，安第斯人当作粮食食用，不仅能饱腹，还能强健体魄。藜麦公主的故事世代相传，这种植物也留在了人间生长，并被人们称作“藜麦”。

不管哪种传说，藜麦原产于南美洲安第斯山脉是确定的。作为印加土著居民的主要传统食物，其种植和食用历史已有 5000 ~ 7000 年。藜麦因其独特和全面的营养价值，被誉为“粮食之母”。

20 世纪 80 年代，藜麦被美国宇航局用作宇航员的太空食品。藜麦还被联合国粮农组织（FAO）推荐为最适宜人类的完美“全营养食品”。自此，藜麦正式迈向国际化舞台。

1987 年，藜麦来到了中国，因为它耐寒、耐旱、耐贫瘠和耐盐碱的特性，首先在中国高原地区种植。藜麦在中国的发展速度非常快，由西藏率先开展种植，之后山西开始规模化种植，青海、甘肃、新疆、宁夏、吉林紧随其后。

很多禾本科谷物的营养全面性都比不上藜麦，藜麦也被誉为“营养黄金”“超级谷物”“未来食品”和“素食之王”。为什么藜麦会收获这么多的赞誉呢？这是因为藜麦籽粒中蛋白质含量在 16% ~ 22%，富含 9 种人体所必需的氨基酸，并含有谷物中普遍缺乏的赖氨酸，是优质的完全蛋白质，这在植物中非常少见，都可以与脱脂奶粉及肉类媲美了。此外，藜麦籽粒的升糖指数非常低，藜麦粥、藜麦面条和面包深受健身减肥人士的追捧。藜麦籽粒还可以预防肥胖、心血管疾病、糖尿病，是一种药食两

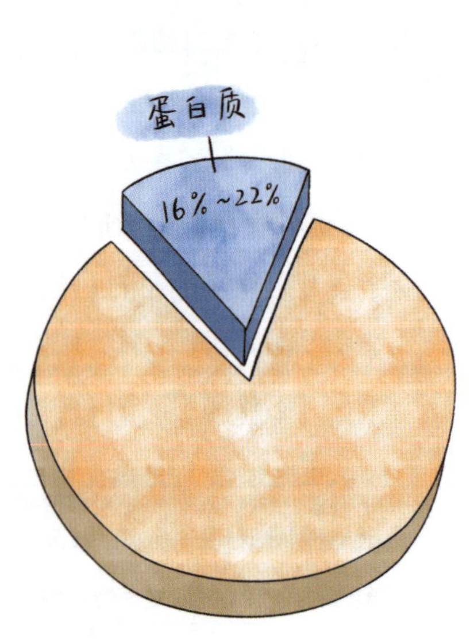

用的食物。不仅如此，藜麦籽粒还具有抗炎、抗真菌和抗氧化活性的功效。藜麦浑身都是宝，不仅营养和食用价值高，藜麦加工后产生的副产物（麸皮、秸秆）中还含有丰富的蛋白质资源，可作为蛋白质饲料的补充剂，喂养牛羊。

了解了藜麦的起源和营养价值，咱们再一起念念这首关于藜麦的诗歌：

藜麦（节选）

严洪芳

是谁远道而来
把贫瘠的土地唤醒
荒原笑开了颜
是谁脱下褴褛旧衣
更换新装
把曾经的荒芜灿烂
是谁敞开怀抱，柔情似水
把松山草原桀骜不驯的风驯服
又是谁把萧瑟的秋天渲染
把丰收的希望点燃
使农民脸上露出了笑颜
是你——七彩的藜麦
是你——火红的藜麦

马铃薯

跟着粮食去旅行——

又称土豆、山药蛋、洋芋、洋山芋、洋番芋、地蛋、荷兰薯、薯仔、山药豆、爪哇薯、红毛薯、番仔薯等。

安第斯高原馈赠品，
欧洲皇室的时尚品，
饥荒时的救命粮，
赵树理的山药蛋，
泥土里的小苹果。

一起认识马铃薯

大田图片

远观马铃薯田，绿油油的一大片，白色或粉色的花朵在其间盛开，有如花的海洋。

长在地里的马铃薯近照

马铃薯长在地里，刚挖出来的马铃薯表面沾有很多土。马铃薯外形不一，但大都是近似椭球体的不规则形状。有的马铃薯表面还散布有坑坑洼洼的凹陷。

原粮近照

马铃薯块茎即为可食用器官，常称土豆。收获来的马铃薯其貌不扬，形状不规则，仍有不少泥土残留在其表面。

马铃薯清洗干净后，看着圆滚滚的，再把它表面那薄薄的一层皮刮去后，里边是浅黄色或白色。切片后更是让人想赶紧做熟了吃。

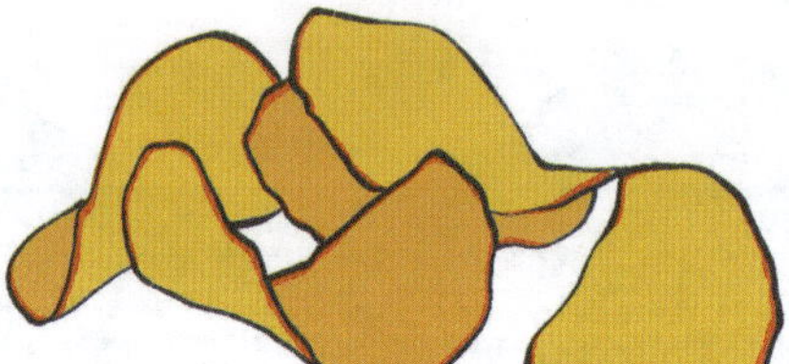

马铃薯制品

仅用马铃薯（土豆）这一种食材，就能做出一桌子口味不同的美食，就比如岚县的土豆宴，就有108道土豆美食呢！

跟着马铃薯去旅行

7月底的一天，父子二人来到了山西吕梁山上的岚县。

清晨，小帅还在睡觉，爸爸就开始一边哼着歌一边做早点。

“土豆花儿开，花海掩村寨，漫山遍野的土豆花，亮出了大农业新风采，铺天盖地的土豆花，捧出了山里人的情和爱……”

小帅醒了，伸着懒腰说：“爸爸，你在唱什么呀？我们到哪了？咦，好香啊！”

岚县

爸爸将早餐和一盘烤土豆放在桌子上，回答说：“小懒虫，快起床，穿好衣服洗漱去。吃完饭爸爸带你去探秘一种新的粮食。”

小帅拉开窗帘：“哇！这是什么花儿啊，好漂亮！看，这边、那边，漫山遍野的花儿啊。”

爸爸在旁边看着报纸说：“这篇文章写得形象，我给你念念：‘一场雨过后，土豆花儿开了。起初，白的、紫的、淡红的，星星点点浮在土豆秧上。没几天，土豆花儿就开满了田地，远远地就能闻到它沁人的香。’。”

小帅说：“原来是土豆花！爸爸，我想下去看看土豆花！”

下车后，小帅有些疑惑地说：“这么多漂亮的花儿！但是怎么看不见结土豆啊？”

爸爸扶了扶眼镜说：“好，咱们上车，一边吃饭，一边听故事。我给你好好讲讲圆圆的土豆藏在哪里。”

博士爸爸讲马铃薯

土豆，学名叫马铃薯，是一种一年生草本植物。最早发现土豆并学会种植的是古印第安人。古印第安人对土豆顶礼膜拜，还叫它“丰收之神”呢。大概四五百年前，土豆被西班牙人从南美洲带到欧洲。西班牙国王菲利普二世送给罗马教皇一盆土豆。当时法国国王路易十六的王后立刻称赞说："啧啧，看看这花朵，太典雅洒脱啦！"紧接着，土豆花风靡欧洲王室。当时，头上或者身上戴上一朵土豆花，一度成为小姐、太太们最喜爱的装扮！当时大家都认为土豆就是欣赏花朵的，以为土豆有毒，都不敢吃。后来，有一个瑞典人叫约拿斯，尝试了一下后发现土豆不但没有毒，还挺好吃。这位老先生就开始种植、推广土豆，还试着用土豆做了好多菜，比如土豆烧牛肉、炸薯条等。欧洲人为了纪念他，还在哥德堡立了个"吃土豆者"雕像。后来，欧洲发生了自然灾害，农作物减产，土豆又成了救命粮，拯救了整个欧洲。

明代的时候，荷兰传教士把土豆献给了中国皇帝。这圆乎乎、棕黄色的东西，远看就是个马铃铛嘛！于是，它就有了个新名字——马铃薯。

马铃薯还有很多名字，最常见的名字就是土豆——土里长的"豆"，这名字简单好记又生动形象，可以说是最常见的称呼了！还有的地方叫它"地下小苹果"，因为土豆的营养价值在很多方面都不输给苹果呢！华北有人叫它山药蛋，如革命作家赵树理讲农村故事，就开创了"山药蛋派"，这可是在当代文学史上非常有影响力的一个文学流派呢！而在西北、西南和两湖地区（湖南、湖北），人们把土豆叫作洋芋——"洋"的意思是它是从海洋上传过来的外国的东西；"芋"是指它圆圆的外形有点像芋头，或许还因为它做成口感软糯的食物时，更像芋头吧。在江浙一带，它又有洋番芋或洋山芋这样的名字。

马铃薯的名字可太多啦！除上边提到的以外，还有广东的薯仔、粤东的荷兰薯、闽东的番仔薯等。一些地方给它起了非常"接地气"的名字，比如山药豆、爪哇薯、地蛋等。马铃薯的确就是长在地底下的哦！它不是植物的果实部分，而是地下块茎，所以就算马铃薯花落下，不挖出来你也是见不到它的。

目前，马铃薯在全国大部分省份都有种植，南到海南岛、北到黑龙江、东到东南沿海各省、西到新疆西藏，都有马铃薯的身影，但主产区还是北方地区和西南地区。马铃薯全国每年产量约 1 亿吨，我国是世界马铃薯年产量最高的国家。

马铃薯名字多，种植范围广，因为它对环境的适应能力较强。马铃薯具有耐贫瘠、耐干旱、抗盐碱、喜冷寒、生长季节短等特点。尤其是在遇到大灾的年份，其他粮食作物会歉收，而马铃薯依然能有较高的产量。

马铃薯富含淀粉、膳食纤维、维生素、矿物元素等营养与功能成分。

有研究认为马铃薯中所含有的抗性淀粉和膳食纤维具有预防慢性疾病和调节肠道功能等作用。马铃薯还含有大量可促进健康的植物营养素，如酚类（多酚）、黄酮类、花青素、类胡萝卜素和叶酸。

在日常饮食中，人们习惯称马铃薯为土豆。土豆可被做成各种食物，如土豆条、土豆丝、土豆泥、土豆汤等。土豆简直就是美食界的变形金刚！ 近年，人们也将土豆添加到馒头、面条等主食产品中，极大丰富了土豆产品的样式和

种类。

咱们现在所在的岚县，就有能把土豆做成 108 道美食的土豆宴，一会儿我们去好好尝尝。今天我们的任务就是看土豆花、吃土豆宴、听土豆的故事。

土豆的故事就先讲到这里。现在爸爸给你念一首关于土豆的诗。这首诗是毛主席写的《念奴娇·鸟儿问答》：

鲲鹏展翅，九万里，翻动扶摇羊角。
背负青天朝下看，都是人间城郭。
炮火连天，弹痕遍地，吓倒蓬间雀。
怎么得了，哎呀我要飞跃。
借问君去何方，雀儿答道：有仙山琼阁。
不见前年秋月朗，订了三家条约。
还有吃的，土豆烧熟了，再加牛肉。
不须放屁！试看天地翻覆。

“不须放屁，哈哈，霸气！但是为什么这么说呢？”小帅问道。

爸爸回答说：“因为土豆含有大约 20% 的淀粉、多种多样的维生素、植物蛋白等。土豆吃多了，无法被人体吸收的营养物质，会被寄生在肠道中的细菌所利用，从而产生气体，通过肠道排放出来，就形成屁啦。很多薯类吃完都会这样哦！”

小帅惊讶道：“哇！原来诗中也藏着有趣的科学道理呢！”

番薯

跟着粮食去旅行

又称红薯、山芋、地瓜、甘薯、

朱薯、金薯、红苕、白薯等。

美洲发现的小宝贝，
皇帝称赞的“土人参”，
易养活的甜甜薯，
饥饿时的救命粮，
新时代的养生品。

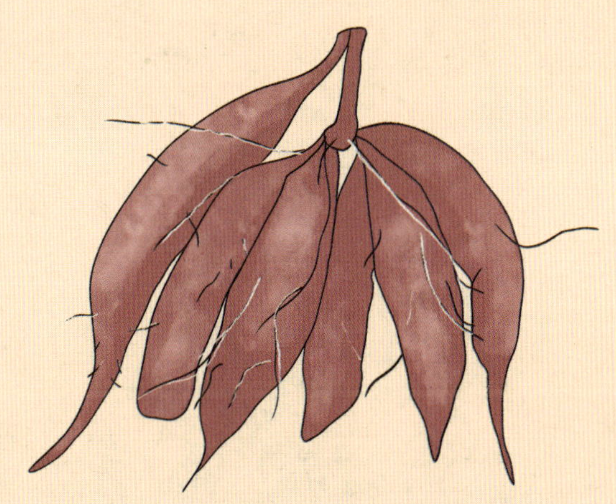

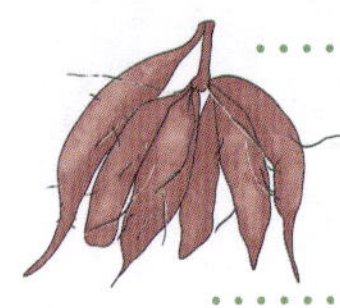

一起认识番薯

大田图片

一望无际的番薯田里，那层层叠叠的番薯叶，翠绿欲滴，长长的茎蔓相互交错，像是大地编织出的一片绿色绒毯。微风轻轻吹过番薯田，番薯叶便随风舞动起来，发出“沙沙沙”的声响，仿佛是大自然演奏的轻柔乐章。

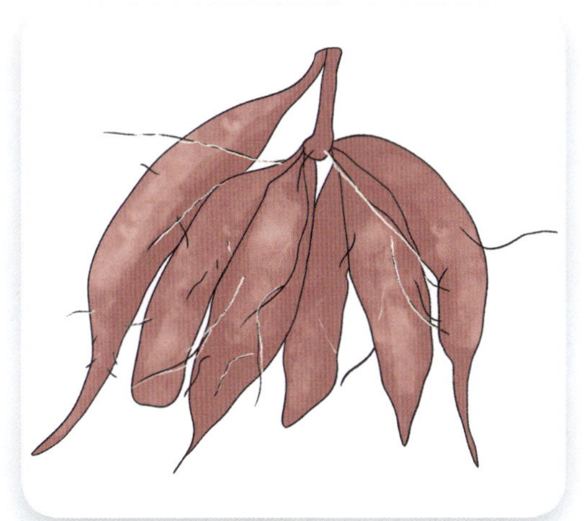

长在地里的番薯近照

番薯生长在地下，那细细的、长短不一的根须，像吸收养分的“小吸管”。刚挖出来的时候，一连串儿的番薯身上还裹着泥土呢。番薯大多是中间粗、两头细的长块状，表面有些凹凸不平。经过初步处理去除根须后，会看到大小不一的深色印记。

原粮近照

番薯外观看起来差不多，但品种不同，其瓤的颜色不尽相同。剥开番薯粗糙的表皮，里面的瓤最常见的颜色是橙黄色，也有白色、紫色等。不同颜色的番薯味道也有所不同。

番薯制品

番薯的吃法多样，蒸、煮就很不错，烤红薯更是诱人；还可以切成小块放入粥里，切成薄片炸着吃，或切成条晒成红薯干当零食；也可以搭配其他食物烹饪成不同的菜肴，甚至变个模样成为粉条。

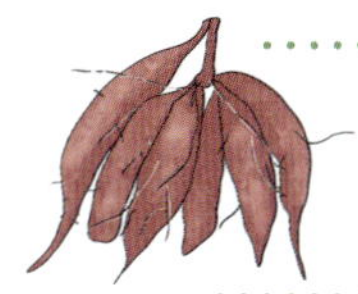

跟着番薯去旅行

一天，伴着冬日暖阳，父子俩来到了福建福州。

前方路边有个小摊儿，里里外外围着好几圈人，空气里隐隐约约飘着一丝香甜的气息。

小帅好奇地张望，使劲儿吸吸鼻子说："好香啊，好香啊！爸爸，你闻到了吗？前面是不是在卖什么好吃的呀！"

爸爸笑着回答："那是烤番薯——把新鲜的番薯洗干净，连皮放到烤炉里慢慢烤熟，香甜软糯，可好吃了。"

小帅眨巴着眼睛搓搓小手，满脸期待地说："爸爸，我们过去看看吧，我想吃烤番薯了。"

爸爸找地方停好车后说："走，爸爸给你买一个尝尝。"

爸爸双手捧着烤得流蜜的番薯，指尖轻轻一掰，就蹿出了喷香热气儿。小帅小心翼翼地接过来，吹了吹，迫不及待地一口咬下去，热乎乎、甜滋滋的糖汁儿流出来，真是香啊！

小帅欢呼雀跃道："我太喜欢番薯了！爸爸，你快给我讲讲它的故事吧！"

爸爸拿着另一半烤番薯边吃边说："没问题！我带你去一个和番薯有关的地方逛逛，咱们路上边走边讲。"

博士爸爸讲番薯

番薯的老家在遥远的美洲。15 世纪西方航海大时代开启，伴随美洲大陆

的发现，西班牙人发现了番薯的存在。番薯虽然其貌不扬，但是香甜可口，还能饱腹，一下子就让西班牙人着了迷。他们带着番薯漂洋过海，来到了吕宋岛，也就是今天的菲律宾。那时候贸易开始全球化，不同国家的商人们可以互相交易。

那时中国正处于明朝时期，受郑和下西洋的影响，不少有条件的商贾（gǔ）都开始尝试国际贸易。这其中，有个叫陈振龙的商人。

陈振龙到吕宋岛经商，某天忽然被一阵香味吸引，闻着香味寻过去，发现了几个看起来修长、个头不大、味道诱人的东西。聪明的你猜到了吧，没错，陈振龙发现了番薯。

陈振龙被番薯的美味征服，之后在吕宋岛的饮食几乎日日离不开番薯。陈振龙不仅向当地农户学种番薯，还研究出了番薯各种各样的吃法。他发现番薯对地势、雨水、阳光的要求都不高，种哪儿长哪儿，怎么吃都好吃。但番薯越好，他心里就越难过。为什么呢？因为陈振龙的家乡在福建福州。那里山多田少，土地贫瘠，粮食不足，遇到灾年很多人就会逃荒，不逃荒就会饿死。如果能种上番薯，就能解决家乡人吃饭的问题。但当时的西班牙人禁止将番薯带出吕宋岛，一旦发现，格杀勿论！想带走能栽种番薯的藤蔓枝叶，那是绝不被允许的。

陈振龙看着掌心里的红薯，望着岸边停泊的船只，默默地攥紧了拳头，想要把番薯带回家乡的念头愈发强烈，他决心一定要让番薯在家乡的土地上生根发芽。

陈振龙时刻琢磨，夜不能寐，只希望能想到一个让番薯藤蔓安全且保活的好方法，既能通过重重把守的关口，又能经得起长时间的航行。终于，陈振龙想到一个好办法。他将番薯的藤蔓和麻绳缠绕在一起，放在水里浸泡，再往上面抹上泥巴，看起来就像一根脏兮兮的普通绳子一样，这样里面的番薯藤也可以避免被吹干。

就这样，番薯漂洋过海来到了我国。

番薯的适应能力特别好，能适应不同的土壤和气候。番薯易种高产，到我国后，每一次的丰收，都救了好多人！根据记载，17 世纪初，江南水患严重，五谷不收，饥民流离。那时候，明代著名的科学家、农学家徐光启正在松江府（今上海），得知福建种植的番薯是救荒的好作物，赶紧引种到上海，之后向南直隶（今江苏）传播，解决了当年的粮荒。徐光启为推广番薯种植，还总结了“甘薯十三胜”进行宣传。其中第一条“一亩收数十石”，说的就是番薯产量高。徐光启还专门写了一本《甘薯疏》，可见番薯是多么好啊！历史文献中也有记载，“一亩数十石，胜种谷二十倍”。也就是说，同样的一亩地，种番薯比种谷类能多收获 20 倍，能让更多人吃饱饭。事实确实如此，在之后的岁月里，番薯多次救百姓于水火之中，延续了很多人的生命。

大概是因为我国人民发自内心地珍视和喜爱它，勤劳地播种，不断地栽培，番薯在咱们这片土地上生长得特别好。人们把番薯引种到浙江，然后是河南、河北、山东……慢慢地，番薯成为我国仅次于水稻、玉米和小麦的第四大粮食作物。

古时候，我国以外的地方都被称作“外番”，因为从国外引入，“番薯”因此而得名。随着种植范围的扩大，番薯的名字也慢慢多了起来：在山东叫地瓜，在四川叫红苕（sháo），在北京叫白薯，在江苏叫山芋，在福建、河南等地又叫红薯……但是，无论各地的人们对番薯如何称呼，这其中不变的是我国人民对番薯的喜爱、感恩和敬畏。

老百姓们一直没有忘记当时冒着生命危险把番薯带回家乡的陈振龙，为表达对他的怀念，人们在福建乌山建了一座“先薯祠”。

之前，人们多是感谢番薯能让大家吃饱肚子，后来才慢慢知道番薯平凡的外表下藏着特别多的营养。番薯中含有大量的膳食纤维，还有丰富的淀粉、胡萝卜素、亚油酸，A、B、C、E族维生素，以及钾、铁、铜、硒、钙等矿物质元素。番薯不仅能增强肠道蠕动、助消化，还能补血、开胃，对脾虚水肿、疮（chuāng）疡（yáng）肿毒、肠燥便秘等症状也有助益。

现如今，各地有许多各具特色的番薯美食，如福清的番薯丸、翔安新店的

番薯粉粿（guǒ）、台州的番薯庆糕、象山的番薯烧酒……这其中还有好几样是当地的非物质文化遗产呢。对了，现在很多地方还有“番薯节”，大家聚在一起载歌载舞，庆祝丰收，下回咱们一起去看看。

“好啊好啊！”小帅拍起了小手感叹道，“没想到看起来普普通通的番薯经历了这么多，拥有这么大的能量，好厉害啊！”

爸爸点点头说：“没错，简而言之，番薯，祖籍美洲，明代落户中国，易于种植，亩产量大，吃了抗饿，味道不错，营养丰富。”

小帅仰起头看了看爸爸，忍不住说道：“听了番薯的故事，我感觉食物有些不一样的意义了。”

爸爸弯下腰摸了摸小帅的小脑袋说：“是啊，生活中有很多看起来稀松平常的东西，其实对我们而言意义非凡呢。”

小帅好奇地晃着爸爸的手说：“我们会找到更多有趣的粮食吗？”

爸爸笑着说：“当然啦，每种食物都有自己的价值。”

小帅也笑起来：“还想听还想听，爸爸，你还会给我讲别的故事吗？”

爸爸肯定地回答道：“没问题！我先给你念首番薯的诗歌。”

咏地瓜

（清）徐宗勉

交错禾麻皆唪（běng）唪，
栽培根柢（dǐ）乃绵绵。
剥菹（zū）绝胜烹瓠（hù）叶，
应补农书第一篇。

跟着粮食去旅行——

山药

又称薯蓣、土薯、山薯、白苕等。

神仙之食誉民间，
食药两用价值高，
营养丰富又美味，
妇孺老幼皆相宜。

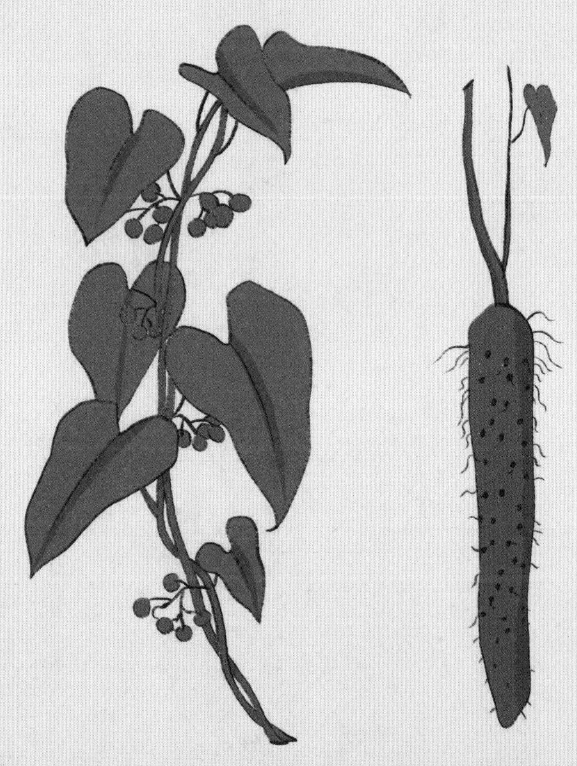

一起认识山药

大田图片

山药藏在地底下，远远望去能看到一排排绿色的山药苗在田里“排兵布阵”。

仔细一看，山药苗的旁边还搭有架子呢，正面看呈“人”字形。想要山药在土里长得好，地面上的苗儿可要站直哟。

长在地里的山药近照

山药不抗冻、不耐寒，喜较干燥温暖的环境。因为要垂直往下生长，所以需要上下一样的土质。

山药最爱肥沃的土地，如果土层深厚且疏松，能更好地吸收营养，长势就好！

别看山药好像对土壤要求高，其实它的生命力很顽强，大山里还有野生山药呢！就是悄悄地藏在地底下，不好找呦。

刨山药是个辛苦的技术活，因为山药在土里扎得深，一根根挖出来的时候，土坑要刨到近一米深，还要保证细细长长的山药完整不断节，可费功夫了。

原粮近照

山药可食用部分为其根，大多是棍状的，布满根须。山药长得有长有短，有胖有瘦，并不都是一般大小。山药肉是白色的。它自带一种黏液，皮肤碰到很可能会发红发痒。

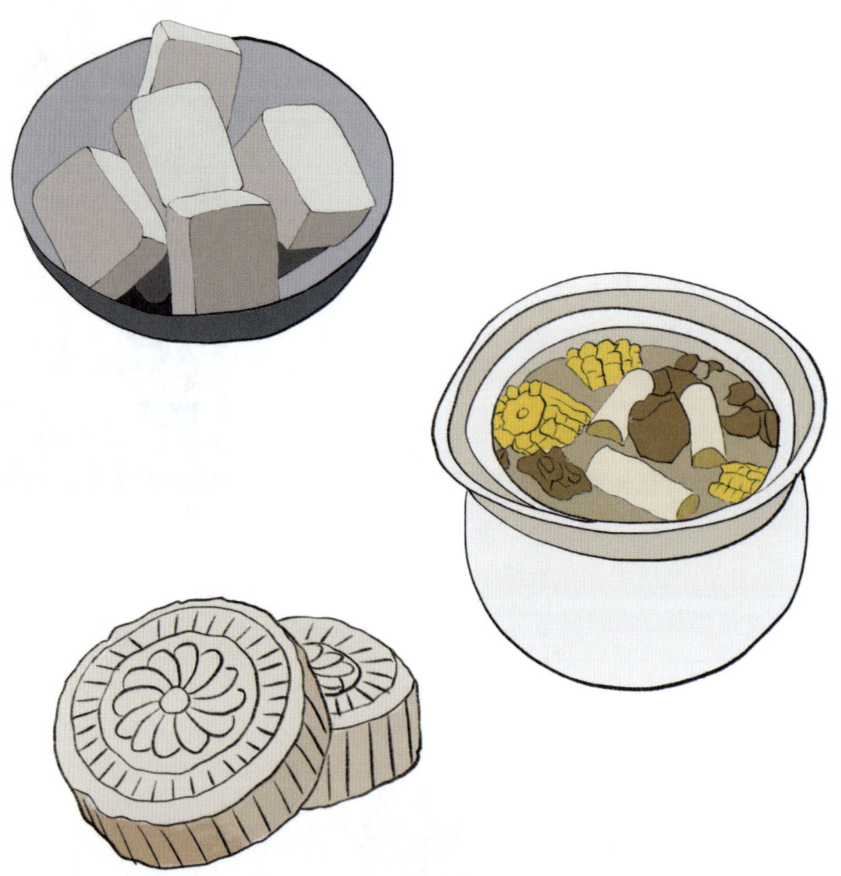

山药制品

山药肉质洁白细嫩，蒸熟了吃，粉糯中带着独特的淡淡清香，绵软可口。炒菜吃，口感柔滑鲜脆。

山药咸甜皆宜。煲汤、煮粥、榨汁，做成各式各样的小吃、点心都很不错。告诉你个小秘密，山药糖葫芦可别有一番风味哦。

对了，山药还能晒干或者磨成粉食用呢。山药既好保存用途又多，怪不得有这么多人喜欢。

跟着山药去旅行

11 月初的一天父子二人到达了河南焦作。

“阿嚏！”昨夜下了雨，小帅清早刚起来就打了个喷嚏。

爸爸走到床边关心地问：“儿子，难受吗？赶快再多穿一件衣服！这天是越来越凉了啊……”

小帅打了个哈欠说：“爸爸，我还好，就是有点儿困，咱们今天还去田里‘挖宝’吗？”

爸爸安慰道：“没事儿，明天去也是一样的。”

“都来到这儿了，我想去。”小帅抽了抽鼻子说，“就是感觉有点儿想流鼻涕，不太严重。”

小帅接着说道：“爸爸，我是不是感冒了呀？我不想吃药。”

爸爸蹲下来仔细看了看小帅道：“再去外边冷风里跑就真要感冒了！现在多注意休息和保暖，还不用吃药。”

爸爸摸摸小帅的小手说：“咱们一起去田边，到时候你在车里等一会儿，爸爸去给你把宝贝带回来好不好？”

小帅犹豫了一下说：“那咱们也还是一起去，对吧？”

“那当然。”爸爸肯定地说，“待会儿咱们一起吃好吃的！”

爸爸安抚好小帅，把车停在田地边上，很快带着一根长长的“泥棍”回来了。

“爸爸！”小帅听见声响跳下床，疾步走向门口。

“哎哎，慢点儿。”爸爸着急地说，“你这孩子急什么，快把鞋穿上。”

听到爸爸的唠叨，刚走一半的小帅折返回去，直接蹦回床上，眼疾手快地抓过小被子，把自己裹得只露出滴溜溜转的一双眼睛。

看到爸爸带回的东西后，小帅不解地问：“爸爸，不是说去‘挖宝’吗，怎么拿了根泥棍子回来了？”

“哈哈！”爸爸看着小帅机灵可爱的模样笑出声，“这不是什么棍子，是山药！”

“什么？”小帅蒙着头没听清楚，躲在被窝里又大声说，“不是说好不吃药吗！我是小男子汉，才不要吃药呢！”

“嘿嘿。”爸爸故意卖了个关子，“一会儿你就知道了。”

说罢他转身进厨房，叮叮咚咚地好一阵忙活。

爸爸戴着手套把山药上的泥土洗净，露出带着根须的浅褐色表皮，再仔细削皮露出了白净的山药肉，然后改刀切成小丁，再与淘好的大米一起煮粥。

不一会儿，锅里的米粒就变得黏稠起来了，山药丁也越来越绵软了，搅拌间，阵阵清香随着热气飘散，氤氲（yīn yūn）着整个空间。

爸爸盛好粥，把粥放到桌子上，小帅怯怯地探出脑袋问：“山药——是药吗？”

爸爸笑着说：“山药是一种粮食，也是一种药材，属于药食同源类食物。”

爸爸把勺子递过去说：“尝一尝你就知道味道怎么样了。”

“真香！”小帅吃了一口说。

爸爸看着小帅欣慰地笑道：“这山药粥看着清淡，实则大有玄机。山药粥细腻可口，滋润绵软，因为加了些山药，就让普通的粥变得更有滋味。山药粥营养价值丰富，能增强体质，自古以来就是‘补益佳品’。咱们一边吃，爸爸一边给你讲讲山药的那些事儿。”

博士爸爸讲山药

山药，学名薯蓣（shǔ yù），又名土薯、山薯等，还有个名字叫淮山药。从2800年前到现在，有无数的人给它起了不同的名字。在《山海经》中，它叫署预；在《吴普本草》中，它叫玉延。最常用的名字还是山药。

山药是薯蓣科草本植物的地下块茎，主要生长于非洲、美洲和亚洲的热带、亚热带地区。它在我国栽培历史悠久，原产地是河南焦作，现在华北、华中、山东、江苏、福建、云南等地均有广泛栽培。

山药是一种药食同源植物。一方面，它含有蛋白质、脂肪、碳水化合物及维生素、粗纤维等多种营养成分，咱们人体合成蛋白质所需的18种氨基酸，山药里就含有16种。另一方面，山药还含有多糖、尿囊素、皂苷等多种活性成分，以及山药素、甾醇等多种功能成分，这使得它同时兼有食用价值和药用价值。真不愧拥有“神仙之食”的美名！

山药里的活性成分可是很有用的，比如山药多糖，具有抗衰老、抗肿瘤、降血糖血脂等多种功效，广泛应用于功能性食品、药品中。

山药还含有大量的黏蛋白，能防止脂肪沉积在心血管上，维持血管的弹性。要知道，血液一刻不停地在血管中奔忙，为我们的身体输送各种营养物质，也负责带走代谢废物。随着时间的流逝，长期工作的血管很容易出现一些不良症状。因此，多吃山药对身体健康大有裨（bì）益。

山药中的皂苷及黏液质有滋润的作用，有利于治疗肺虚等引起的生痰、长时间咳嗽之类的病症；它也能帮助我们保护胃部，因为黏液可以附着在胃壁上，形成一层“防护膜”，减轻胃黏膜的压力，阻碍具有腐蚀性的胃酸伤害胃壁。

山药的食疗价值在一些经典文学作品中就有体现。例如，在我国四大名著

之一的《红楼梦》中，秦可卿患病时，贾母送她的点心便是枣泥山药糕。

此外，许多经典的滋补类中药方剂里也常包含山药，如六味地黄丸、归脾汤、参苓（shēn líng）白术（zhú）散等。

山药搭配上一些食材，可做成各种美食。例如，用百合、红枣、冰糖、山药一起煮成的山药百合糖水，不但好喝，还能清肺润燥，理脾健胃。还有蓝莓山药，也是一道经典的凉菜，甜度适中，易于吞咽，老少皆宜。

不过，山药虽好，但并非人人都适合吃。它具有收敛作用，可以止泻，会使习惯性便秘的人情况加重，因此不适合这类人吃。另外，山药含钾量非常高，而肾功能不好的人钾代谢能力较差，所以这类人也不宜多吃山药。

小小山药，其貌不扬，却历史悠久，好处颇多。《神农本草经》将其称为“食物药”，它名字里还正巧有个“药”字。但千万不能把山药和真正的药弄混了。生病了还是要看医生，吃药还是要遵医嘱。良药苦口利于病，可不能因为苦就不吃药哦。

好啦，山药的故事就讲到这里，这里有一首元代诗人王冕写的关于山药的诗，爸爸念给你听吧：

山药

山药依阑出，纷披爱夏凉。
叶连黄独瘦，蔓引绿萝长。
结实终堪食，开花近得香。
烹刍入盘馔，不馈大官羊。

芋头

跟着粮食去旅行——

又称芋、毛艿(nǎi)、毛芋等。

“地下宝物”圆又圆，

“皇帝供品”美名扬，

既是粮食又是菜，

甜咸皆宜真美味。

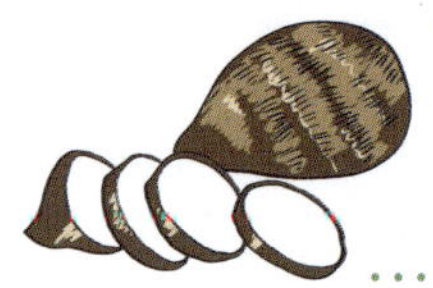

一起认识芋头

大田图片

芋的植株较高，叶片宽大呈卵状，叶柄比叶片还长。芋属于湿生草本，喜欢生长在水里、沼泽地里或湿润的土壤里。

长在地里的芋头近照

芋的生长周期一般是7个月，环境、气候和种植方法都会对芋的生长时间有影响。有的芋生长得较慢，成熟得晚，有可能9个月到10个月才成熟。

不管是大芋头还是小芋头，成熟的时候都要挖出来。要把芋头完完整整地挖出来，那可是个技术活呢。

原粮近照

芋的球茎可供食用，一般称为芋头。芋头一般是圆圆的椭球体或柱状。它们外皮粗糙，有细长的绒毛和一圈圈的纹路。

有的芋头就像打气球一样会越长越大，而有的芋头长着长着还能生出小芋头来，小芋头还有可能再长出小小芋头，可有意思啦。

芋头有大有小。大芋头两个手掌合起来都包不下，像个小炮弹一样。小芋头和乒乓球差不多大，一只手就能拿上好几个。

芋头外皮较薄，里边可食用部分大多为白色，或是浅浅的紫色，还有的是白色带着漂亮的淡紫色花纹，让人看着就很有食欲。

芋头制品

芋头可以做主食，也可以制成各种美食——芋头扣肉、芋芳烧鸭、芋儿鸡、芋头咸焖饭、芋头酥、芋头糕、芋头糖水、芋圆仙草、芋泥奶茶、芋头条、芋头片……哇，想想都让人流口水。

芋头的外观虽然都差不多，但其实分很多品种。有的芋头松软粉糯，有的芋头绵软黏糯，各有各的滋味。芋头口感细腻，再配上其他食材，甜咸皆宜。

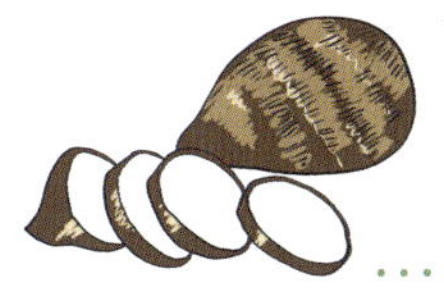

跟着芋头去旅行

9月的一天，父子二人来到了广西壮族自治区荔浦市。

“儿子，快来！早饭来咯！”爸爸端上了一个大蒸笼，揭开了盖在上面的纱布，带着淡紫色漂亮花纹的“半圆形块块”整齐地码放在白瓷盘上。

小帅靠近桌沿好奇地问：“爸爸，这是什么好吃的呀？闻着有点儿淡淡的清香。”

“这是芋头！”爸爸笑着说，“蒸熟了蘸着白糖吃，那叫一个美味哟！在清代的时候，这可是珍贵的‘皇室贡品’，广西要年年进贡给朝廷呢。”

爸爸夹起一块芋头放到盛满白糖的小碟子里，把筷子递给小帅示意道：“来，尝尝。”

“嗯嗯。”小帅夹起蘸满白糖的芋头，边吹着热气，边吃起来。

“爸爸你也吃！太好吃了！”小帅边吃边说，“又香又软，又粉又松，又绵又糯，难怪皇帝年年想吃啊，我天天都想吃！”

爸爸笑着点点头："芋头比较干，容易噎着，可以配着牛奶一起吃。"

小帅点点头，专心"埋头苦干"起来，一口接着一口吃得很带劲。终于，在准备吃第四块蘸满双面白糖的芋头时，被爸爸发现了。

"哎，儿子，别这么使劲儿蘸白糖呀。"爸爸说着把盛白糖的瓷碟往自己这边移了点儿，然后夹起一块芋头说，"少蘸一点儿白糖，既能提味，还能吃出芋头自带的香气和甜味。"

小帅嘟着小嘴说："爸爸，还是多加点糖更好吃吧！"

爸爸无奈地笑道："虽然糖吃多了对牙齿不好，但这芋头和糖，确实是绝配！有一道菜叫拔丝芋头，就是用芋头和白糖做的。绵软的芋头裹着薄脆金黄的糖壳，趁热能拔起长长的、比头发丝儿还细的糖丝，轻轻一咬，酥脆香甜。一上桌很快就被夹光了，那是真好吃！"

小帅开心起来："哇，听起来好好吃啊，我也想尝尝。"

爸爸点点头："还有一道反沙芋头也是用这两样简单的食材制作而成，但那可是不一样的美味。香软的芋头被一层看着像白霜一样又沙又脆的糖外壳包裹着，筷子轻轻一夹就'酥开了'，吃到嘴里，口感酥绵，味道香甜。糖霜和芋头交织融化在舌尖，只要尝上一小口，就叫人忘不了咯。"

小帅放下筷子，把面前的蒸芋头和白糖碟都移到爸爸面前，睁着亮晶晶的眼睛托着下巴看着爸爸，开口道："爸爸，你还记得在哪儿能吃到吗？我们去找找吧，然后给我讲讲芋头的故事，好不好？"

爸爸佯装思考了一下，说道："行是行，但你得答应爸爸一个小条件，就是要少吃糖，好好刷牙，这样才不长蛀牙咯！"

"得令！"小帅跳下椅子做了个敬礼的动作。

"又有好吃的，又能听爸爸讲故事咯！"小帅欢呼起来。

博士爸爸讲芋头

芋头起源于印度和马来西亚、我国南部等亚洲热带地区。在我国，到了唐代，芋头已经和当时的主要粮食有同样重要的地位了。南宋时期，很多诗词名人以芋头为题赋词作诗。比如“莫嗔老妇无盘饤（dìng），笑指灰中芋栗香”出自范成大的《冬日田园杂兴》，意思是说不要嗔怪老妇没有什么下酒菜，炉灰中芋头和栗子正散发出诱人的香气。诗人陆游也曾在《对食戏作》里写道：“葑（fēng）火正红煨（wēi）芋美，不妨秉炬雪中归。”意思是待到晚上举着火把回去也可以呀，下雪也没问题，吃到了芋头就行。你瞧，芋头的魅力可真大呀！

芋头既可以当蔬菜，也可以当粮食。春天，万物复苏，生机勃勃，芋头也要开始新一轮的生长。人们把芋母切分成几块，种到土壤里；等到春夏之交，田地里就会长出嫩嫩的、绿绿的卷心叶子；再过不久，卷卷的叶子便会慢慢舒展开来，又大又圆的芋叶被托举起来，阵阵微风拂过，从远处看，像是一片片翠绿的波涛起起伏伏。

芋头最早在中国、马来西亚和印度半岛等地种植，因为这些地方有炎热、潮湿的沼泽地带，适合芋头的种植。后来，世界上有很多地方都在栽培它。我国芋头的种植地主要在珠江、长江及淮河流域。芋头喜欢温暖、湿润的环境，最适合在20℃左右生长，或在河滩上，或在水沟边，都能见其碧叶翩跹的踪影。相反，低温和干旱的环境会让它们发育不良，甚至枯萎。

芋头不仅好吃，还能制醋和酿酒，并且具有很高的营养价值和药用价值。芋头的营养价值和马铃薯差不多，但它不含龙葵素，而且芋头的淀粉颗粒比马铃薯的小多了，大约98%的淀粉都可以被消化。芋头好消化又不会引起中毒，因此十分适合婴儿和患者吃。芋头还有开胃、生津、消炎和补气等功效，但要记得，一定得蒸熟或煮熟后才能吃。

这芋头，不仅受国人喜爱，外国人也为之折服呢！

就在清朝道光十九年，钦差大臣林则徐到广州禁烟期间，那些外国领事请林则徐吃西餐，饭后上了一道冰激凌。受限于闭关锁国的政策，林则徐见识有限，没见过冰激凌，从表面观察，看它冒着气，便以为那是热的，就吹吹再吃。外国领事就嘲笑说，冰激凌是冷饮，不用吹。

外国人来中国，讽刺咱没见识，那可不行！在哪儿丢的面儿咱就得在哪儿找回来。林则徐回请外国领事，请他们吃中餐。菜一道一道地上，压轴的就是芋头。这道菜叫芋泥。领事没见过芋泥，看它灰白色的、表面闪着油光的样子，就以为它一点儿热气都没有，一勺吃进嘴里，就被烫了！芋泥可是蒸熟了才吃的，刚做好时肯定是里边最烫，吃的时候可得小心，最好只挖一小勺，吹吹再吃。

关于芋头，还有一个引人深思的故事。清代文学家周容写有一篇散文叫《芋老人传》，讲述了一个关于芋头的故事。一位书生饥寒交迫，有一名老翁用煮熟的芋头招待他。书生觉得那芋头是珍馐美味，于是在吃饱后发誓永不忘恩。后来书生功成名就，成了宰相，想起了芋头，叫厨师烹制，却发现不如从前香甜。于是，他派人把恩人请到京城，想兑现诺言，报答恩情，并请老翁再做一次芋头。老翁却对他说："这芋头的滋味，并不在于烹饪手

法。其实，芋头的味道没有改变，改变的是人的心境与所处的环境。觉得从前的芋头更甜，是因为当时没有其他的食物，也没尝过很多更好吃的东西。”

今天，爸爸和你一起吃芋头，讲芋头的故事。历史上，也有一对一起吃芋头的父子。宋代大文学家、美食家苏轼的儿子苏过，曾将芋头孝敬给父亲，苏轼还为此写了一首诗——《芋糁（shēn）羹》。

宋代诗人陆游黄昏时分去友人家中拜访，正巧看到温热的炭火中煨着几个芋头，不由流连驻足。感此情境，写了一首《对食戏作》，寥寥数语，勾勒出温暖的冬日田园生活。

对食戏作

（宋）陆游

黄昏来扣野人扉，
笑语欣欣意不迟。
菼火正红煨芋美，
不妨秉炬雪中归。

木薯

跟着粮食去旅行——

又称树薯、南洋薯、树葛、木番薯等。

平平无奇“地下粮仓”，

深藏不露“淀粉之王”，

隐藏风味“可甜可咸”，

变身王者“木薯淀粉”。

一起认识木薯

大田图片

木薯是一种直立伞形灌木，高度可达 1 ~ 5 米。不同高度的木薯田，远观时景色也不同，有的看起来只是普通的田地，有的俨然是一片小树林。

长在地里的木薯近照

木薯植株在地面上的部分，看着就像普普通通的一棵伞形小树，紫红色的叶柄连着像“手掌”形状的绿色叶片，没想到地底下大有乾坤。木薯的块根深深地扎根在地下，收获时需要小心挖出、清洗泥土。

原粮近照

木薯块根可供食用，其表皮有些粗糙，像树根的表皮，样子有些像红薯。刨去皮的木薯是洁净的乳白色。不过木薯还有黄色的呦。

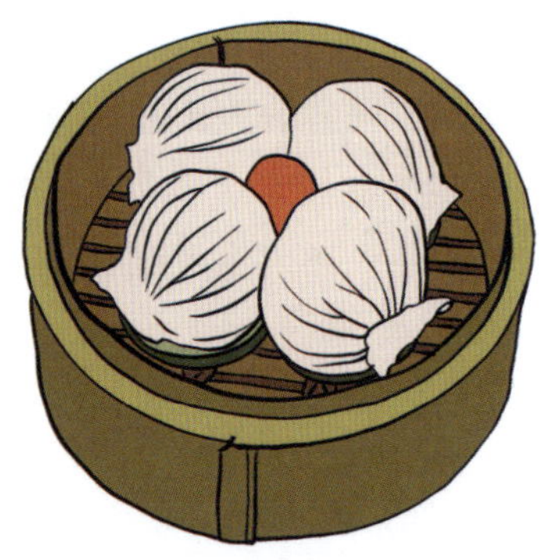

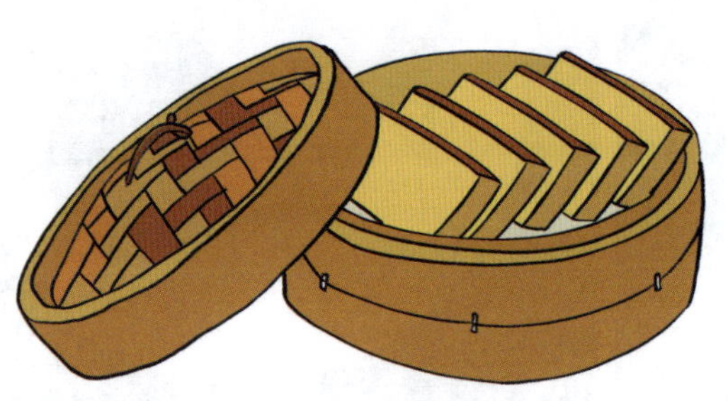

木薯制品

木薯可以切成小块蒸熟吃，粉粉糯糯的，还有一股特有的清香味；切片或切丝炒菜吃，脆脆甜甜的，口感很不错；别具特色的木薯粄（hé）像个大饺子，又糯又弹的木薯粉皮包着满满的馅料，可以蒸着吃，也能煎出焦脆的口感，可香了；还有简单可口的木薯糖水，尝一口就忘不了！

木薯磨成粉可以做成各种各样的美食——黄金糕色泽淡黄，糕质柔韧；千层糕成品精致，口感软糯；黑芝麻核桃木薯饼，可甜可咸，健康搭配又美味；桂花椰奶糕，花香奶香交织，甜滑可口。

跟着木薯去旅行

盛夏的一天，父子二人来到广西壮族自治区南宁市武鸣区。

到了午饭点，小帅却没什么胃口，只想吃一些解暑降温的甜品。

父子俩跟着导航停在了一家糖水店前，打算吃点儿清凉的甜品，缓解燥热。

小帅点了碗烧仙草，爸爸要了一碗当地人爱吃的糖水。

甜品装在白瓷碗里，刚上桌小帅就喝了一大口。软滑的烧仙草带着淡淡的青草香，消暑又美味，配上薏仁、红豆、花生、葡萄干、珍珠和芋圆，每一口都有不同的口感，让人越吃越开心，吃到停不下来。

爸爸也吃得不亦乐乎，等小帅抬起头一看，好家伙，对面只剩小半碗了！

小帅忍不住问："爸爸，你吃的是什么呀？"浅黄色的甜汤清澈透亮，舀动间有晶莹的光泽，碗里边金黄黄的像是切块香蕉，又有点儿像红薯，还有点儿像山药。

爸爸笑着说："这就是木薯糖水，儿子，你也尝尝吧。"

"还真不一样。"小帅尝了几口说，"糖水清清甜甜的，很爽口，而木薯吃起来很粉糯，和红薯、芋头、山药之类的口感、香味儿都不一样，好像带着点儿胶质感，甜甜糯糯的，真好吃！"

爸爸点点头说："确实没尝过这口感，很难相信只需要木薯、清水和糖就能做出极为可口的糖水。而且木薯的淀粉含量这么高，放凉了也没有发硬，听说这糖水冬天热着吃更为绵软，真是不错。”

爸爸接着又说道：“其实珍珠、芋圆，还有钵（bō）仔糕、水晶饺、水晶汤圆等很多你爱吃的，都是用木薯粉做的呢。”

“哇！”小帅惊讶地感叹道，“原来木薯这么厉害！那木薯是什么呀？也是像红薯、马铃薯一样从土里挖出来的粮食吗？”

爸爸点点头：“没错，木薯也是一种粮食。”

小帅开心地鼓掌，说道：“爸爸，你快给我讲讲木薯的故事吧，我要好好地认识它！”

博士爸爸讲木薯

木薯起源于南美洲，在其原产地有 4000 多年的栽培历史。木薯广泛分布于热带地区，如非洲、美洲和亚洲等的 100 余个国家或地区，主产国为尼日利亚、加纳、巴西、哥伦比亚、泰国、印度尼西亚、印度和越南等。19 世纪 20 年代，木薯被引入我国。广东、广西、海南、福建、台湾、云南、贵州、湖南、江西等省区均有种植，其中以广东、广西、海南栽培面积最大。目前，木薯是我国南方地区重要的经济作物，也是广西的优势特色作物。木薯在广西的种植面积和产量约占全国的 60% 以上。

木薯容易养活，还长得快，因此有较好的适应性。它产量高、用途广，是良好的粮食与经济作物。作为粮食，木薯淀粉含量高，可提供能量；含有丰富的微量元素，益于人体健康，还能消肿解毒呢！而作为经济作物，其副产物木薯叶有很多粗蛋白、维生素和微

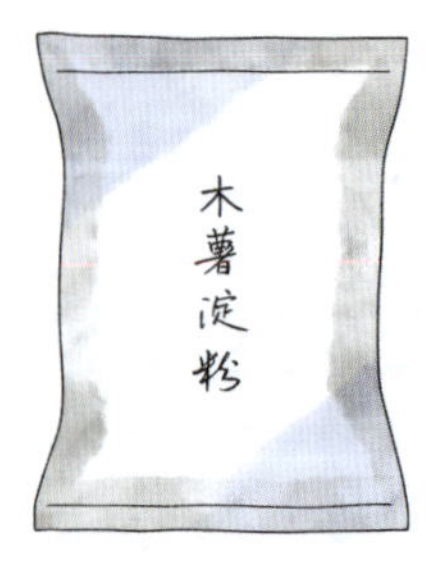

量元素，是优质饲料的来源，可以用作鱼、蚕的饲料。木薯块根淀粉含量高，有“淀粉之王”和“地下粮仓”的美称，不仅能用作食物、饲料，还能用作工业原料。在提倡低碳出行、节能减排、绿色环保的今天，木薯已成为重要的生物能源作物之一，用它生产出的燃料乙醇，就是可再生的环保型“绿色汽油”。

但生木薯具有一定毒性，科学研究表明，一个人食用 150 ~ 300 克生木薯后即会中毒甚至死亡。不过，加工过的木薯及其相关制品，如木薯淀粉、木薯条等，不会对人体造成危害，因加工过程能去除有毒物质。

木薯是非洲大多数国家的主粮，在印度尼西亚、菲律宾、哥伦比亚、南美巴西等国，用木薯加工而成的食品深受消费者喜爱。

木薯可长期存放在地下，是贫困地区可靠的食物来源。就是因为木薯，非洲才摆脱了饥饿，世界上超过 10 亿人靠木薯过活，其中 8 亿在非洲。所以说木薯是三大薯类作物之一、全球第六大粮食作物。

木薯的故事就讲到这里，最后念一首关于木薯的诗，是现代诗人陈振家写的。

木薯随想

陈振家

木薯新藤绕短篱，时蔬簇立也离披。
委心纵性看山足，无术谋生食菜宜。
乐适农耕犹汉子，愁申抱负便书痴。
齐桓已死桓温没，扪虱饭牛能见谁。

中国粮食地理丛书——第一辑

跟着粮食去旅行

刘明　主编

中国大百科全书出版社

图书在版编目（CIP）数据

跟着粮食去旅行：全三册 / 刘明主编 . -- 北京：
中国大百科全书出版社，2025. 8. --（中国粮食地理）.
ISBN 978-7-5202-1973-0

Ⅰ. S51-49

中国国家版本馆 CIP 数据核字第 20258X1X40 号

出 版 人 高世屹
责任编辑 王婵红
版式设计 博越创想
责任印制 魏 婷
出版发行 中国大百科全书出版社
地　　址 北京阜成门北大街 17 号
邮政编码 100037
电　　话 010-68363660
网　　址 http://www.ecph.com.cn
印　　刷 北京九天鸿程印刷有限责任公司
开　　本 710 毫米 ×1000 毫米　1/16
印　　张 17.5
字　　数 260 千字
版　　次 2025 年 8 月第 1 版
印　　次 2025 年 8 月第 1 次印刷
书　　号 ISBN 978-7-5202-1973-0
定　　价 108.00 元（全三册）

认一认

如此丰富多彩的粮食，你们都能认出来吗？认一认，答案在背面。

①

②

③

④

⑤

⑥

⑦

⑧

⑨

⑩

①黑豆 ②花生 ③蚕豆
④油茶籽 ⑤豇豆 ⑥红豆
⑦绿豆 ⑧大豆 ⑨鹰嘴豆
⑩豌豆

目录

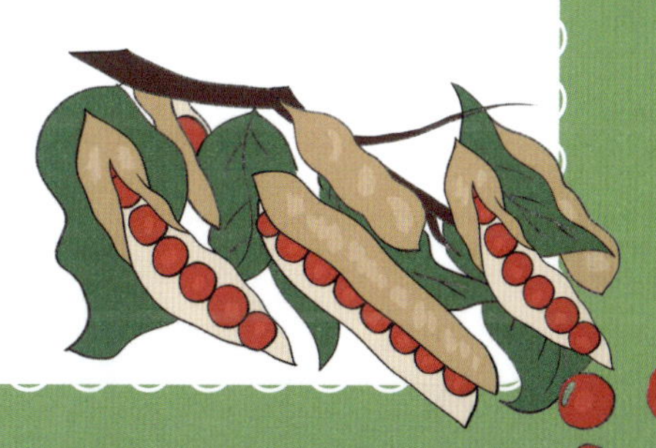

大豆

跟着粮食去旅行——

又称黄豆、毛豆，古称菽(shū)。

田中称肉厚，

绿乳润生民，

金豆誉满庭，

豆王立古今。

一起认识大豆

大田图片

大豆苗逐渐长高，会生出茂密的叶子，一眼望过去像菜畦一样碧绿碧绿的。

长在地里的大豆近照

大豆虽然名字叫“大豆”，但也不是生来就是圆鼓鼓的一大颗，要先结荚，之后再进入鼓粒期。

刚结好的豆荚有茸毛，呈鲜亮的绿色，随着豆子的成熟，豆荚会逐渐变成暗褐色，豆秆上大部分的叶子也会脱落，将营养富集于豆子中。

原粮近照

成熟的大豆饱满结实，摸上去很坚硬、光滑。

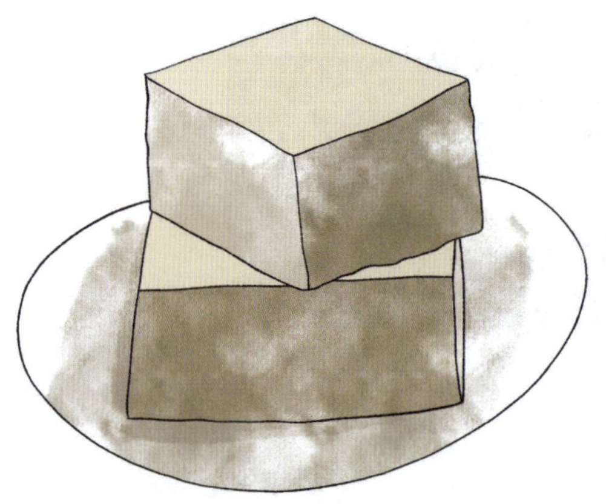

大豆制品

大豆制品非常丰富，有豆浆、豆腐、豆酱、豆油，还有豆皮、豆芽、豆腐皮、豆花等，就连豆渣都能做饼、做窝头、炒着吃。

跟着大豆去旅行

5月下旬的一天，爸爸带着小帅来到了大豆种植大省黑龙江。

大块大块的冰雪已消融，站在田边一眼望过去，黑土地上已经星星点点地缀上了绿色，那是一排又一排的大豆苗。

小帅小心翼翼地走在田埂上，生怕一个打滑伤到了旁边的“小不点儿”，连说话声音都不自觉放小了：“爸爸你看，小豆苗好可爱啊，才那么一点儿大。”

爸爸开玩笑地接过话：“这可是‘大豆’苗。”

小帅笑着说：“我当然知道啦！”

“你看，”小帅张开小手靠近豆苗比画了一下，“那几片叶子加起来比我的小手掌大不了多少。”

小帅又把手掌直立起来靠近土壤，要给豆苗们量身高。这些豆苗的身高差不多有手掌那么长，此时的大豆苗，可真小啊！

小帅好奇地问道：“爸爸，这么小的苗，真的能长高还能长出结实的大豆吗？”

爸爸点点头肯定地说：“那当然啦，特别高的大豆苗，还能长到差不多一米呢！”

“哇！”小帅惊讶道，“那不是要和我差不多高了。”

“是哦，大豆长得可快了，你也要加油！”爸爸说。

小帅边蹦跶着边说：“我要喝豆浆，我要多吃豆制品，我要长高。爸爸，快安排安排。”

爸爸笑着说：“好好好，没问题。走吧，咱们去市场看看。”

爸爸带着小帅来到了当地的农贸市场。真没想到啊，在田里看着豆苗们都差不多，在农贸市场居然有这么多种不一样的大豆——有浅黄色、黄色的，还有白黄色、暗黄色、鲜黄色的；有表皮光滑的，还有表皮皱皱的；有圆形的、椭圆形的，居然还有扁长形的。

小帅一样样地仔细看着，回过头对爸爸说：“这大豆品种也太多了吧，在田里又都长得差不多，怎么分得清呀。”

爸爸说：“其实啊，咱们今天看到的还只是很小的一部分，光是颜色，大豆就分很多很多种。人们通常都认为大豆是黄色的，但其实大豆还有青色的、黑色的、褐色的，甚至是双色的（花色的）呢。”

小帅好奇地问道：“那黄大豆就是黄豆，黑大豆也就是黑豆吗？”

爸爸摇摇头：“严格意义上来说并不是的，黑大豆和黑豆并不一样。”

“噢噢，太神奇了。”小帅佩服地点点头，竖起了大拇指。

爸爸又继续说：“你想知道，就得多观察、多学习、多实践。”

小帅点点头说：“爸爸，那你快给我讲讲大豆的故事吧。”

博士爸爸讲大豆

这大豆啊，还是咱们国家土生土长的本土作物呢！在汉代司马迁的《史记》中，记载着当时最重要的五种作物——“黍、稻、稷、麦、菽”，其中的“菽”就是大豆。《诗经》《墨子》中也有关于大豆的记载，“中原有菽，庶民采之”；“耕稼树艺，聚菽粟。是以菽粟多，而民足乎食”。这说的就是古时候人们采摘、食用大豆的事儿。这么算下来，咱们中国人吃大豆已经有几千年的历史了。因此，中国被称为大豆的故乡。世界各国栽培的大豆都是直接或间接由中国传播出去的。可以说，大豆对中国乃至世界农作物种植体系、农业经济、饮食文化的发展都有重要贡献。

公元 2 世纪左右，大豆传播到朝鲜；6 世纪左右，大豆传播到日本；1740 年，一个法国传教士把大豆带到巴黎种植；1804 年，大豆传到了美国。现在，大豆已经从中国特产变成世界性的农作物啦！

大豆一生要经历种子萌发、营养器官生长、花芽分化、开花结实、种子成熟的全过程，看起来好像平平无奇，其实小身材储存着大营养！

大豆中的蛋白质不仅含量高，而且还是优质的植物蛋白，几乎可作为肉类蛋白质的替代物。大豆蛋白也可提供人体必需的氨基酸。大豆还富含磷、钙、铁等矿物质元素，适当食用，可以为人体补充这些营养元素。大豆中含有丰富的维生素 E，可抑制皮肤衰老。大豆中的 B 族维生素（维生素 B_1、维生素 B_2）高于其他豆类，因此是良好的 B 族维生素的膳食来源。大豆中的卵磷脂可降低附在血管壁上的胆固醇，防止血管硬化，预防心血管疾病，保护心脏。卵磷脂还具有防止肝脏内脂肪积存过多的作用，从而有效地防治因肥胖而引起的脂肪肝。大豆还具有降糖、降脂、通便等作用。

不仅如此，大豆里的脂肪含量在全豆类中排名第一，出油率能达 20%。因此大豆有“豆中之王”的美誉。

对了，大豆可不是随便种种就能种好的，你看陶渊明在《归园田居》诗里说的：

种豆南山下，草盛豆苗稀。
晨兴理荒秽，带月荷锄归。
道狭草木长，夕露沾我衣。
衣沾不足惜，但使愿无违。

又称穞(lǔ)豆、乌豆等。

酷似“黑珍珠”，

“田中之肉”，

“绿色牛乳”，

营养丰富胜珍馐（xiū）。

一起认识黑豆

大田图片

黑豆藏在豆荚里，豆荚长在豆田里。远观豆田，绿色的一丛丛，不熟悉的人并不能马上看出这是种植黑豆的地方。

长在地里的黑豆近照

黑豆在豆荚里慢慢长大，等成熟后豆子变得饱满，就可以采摘了。

原粮近照

小小的黑豆圆润有光泽，形状略椭圆，稍扁，蕴含着丰富的营养。

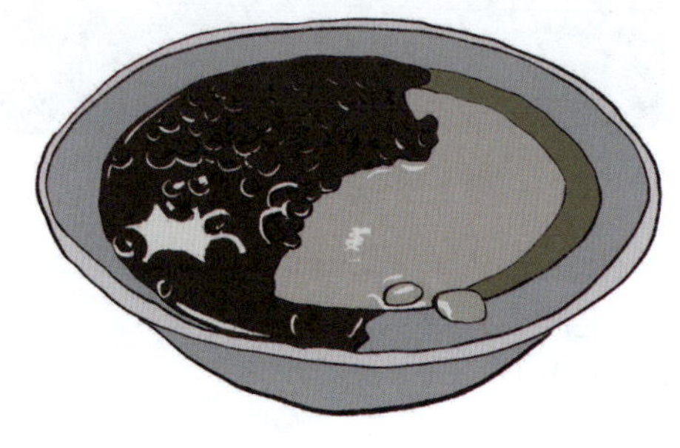

黑豆制品

打豆浆时加一把黑豆，再搭配上红枣、黑芝麻等，好喝又健康；炒黑豆是一道小零食，嚼一口嘎嘣脆，方便又好吃；黑豆汤可甜可咸，适合多种搭配，滋补又美味；黑豆粥和黑豆饭，简简单单却很补充营养。

跟着黑豆去旅行

7 月底的一天，爸爸带着小帅来到了陕西黄土高原地区的黑豆种植地。

清早，小帅在洗漱，爸爸一边准备早餐一边念童谣：

“炒黑豆，黑豆香；卖生葱，生葱辣……”

“哗啦啦，哗啦啦……”随着爸爸翻动锅铲的声音，炒锅里不停传出噼里啪啦的声音。

小帅探头一瞧：“爸爸，你在干什么呀？咦，桌子上那杯东西是什么？黑芝麻糊吗？”

爸爸呵呵一笑：“猜对了一小半，今天早上咱们喝的是杂粮黑豆浆，里边有黑芝麻、黑豆、黑米和核桃！”

“刚才爸爸念的是一首童谣。喏，童谣里提到的炒黑豆，爸爸也给你做来尝尝。”

小帅凑上前，爸爸抓了一把刚炒好的黑豆吹了吹，不烫手后才放在小帅手心，说：“以前呀，小孩儿都没什么零食，这香喷喷的炒黑豆就是最受欢迎的小零嘴儿。”

小帅吃过各种各样的零食，还没吃过这黑黑的炒豆子。看着手里的炒黑豆，小帅先闻了闻，然后挑了两颗放进嘴里。

别说，还真香！小帅嚼了两三下吞了下去，紧接着又往嘴里放，边吃边满意地点头："这炒黑豆看着平平无奇，吃起来还真挺好吃的。豆子酥中带脆，越嚼越香。刚看的时候我还以为硬硬的，很费牙呢。"

爸爸也一颗又一颗地吃，吃着吃着，仿佛一下子回到了像小帅这么大的时候，一把炒黑豆就能让人感到快乐。

不知不觉中手上的豆子全进肚子里了，小帅刚想伸手再抓，却被眼疾手快的爸爸拦住了，说："黑豆虽然又香又有营养，但也不能吃太多。每天适量吃点儿对身体有好处，吃多了反而会变成负担。"

"好吧。"小帅乖巧地收了手，又看了眼那盘香喷喷的炒黑豆说，"这放到明天不会坏吧，要不……"

爸爸赶紧牵着小帅走向餐桌："放心放心，不会的。放凉的炒黑豆还会更酥脆呢。待会儿放到密封保鲜盒里，咱们明天再吃。"

爸爸安抚道："来，你尝尝这黑豆浆，好喝还管饱，爸爸还特意给你加了白砂糖，很好喝的。"

小帅"咕噜咕噜"喝着黑豆浆，忽然发现餐桌边上的调味罐旁新添了个黑黑的玻璃瓶，嚯！那里边放的不正是黑豆吗！

小帅放下杯子，把那装着黑豆的瓶子拿过来，仔细一看，哎，怎么好像不一样呢？

小帅着急地说道："爸爸，你快看，这瓶里的小黑豆怎么泡在水里啊！这是进水了还是出水了？是不是没法儿吃啦？还能'抢救'一下吗？看起来就不脆了！"

"哈哈哈！"爸爸笑起来，"这你就不知道了吧，黑豆的花样吃法可多了，这是醋泡黑豆。炒熟的豆子就这么泡着，一周后才能吃，像开胃小菜一样别有滋味呢！"

"噢噢！"小帅应声放好瓶子，放下心来。

"有这么一句话，说的是'补药一堆，不如黑豆一把'。"爸爸指着玻璃瓶子说，"别小瞧这醋泡黑豆，它不仅好吃，还对身体颇有好处呢。"

"那我就等着尝尝啦。"小帅搓搓手期待地说。

爸爸点点头："没问题，先好好吃早餐，吃完爸爸给你讲讲黑豆的故事。"

博士爸爸讲黑豆

我们这里说的黑豆指的是大豆的一种，我们也可以叫它黑大豆。黑大豆原产自我国，古称"菽"或"荏菽"（rěn shū），至今已有5000年的种植史。如今，我国很多地方都种植黑大豆，尤其是山西、河北和陕西等地种植量大。目前，在各种黑色作物中，黑大豆分布最广、总产量最大。

全国那么多地方都种黑大豆，那肯定是因为黑大豆好啊。

一方面，黑大豆能适应各种环境。不管是旱地，还是湿地；不管是不利于植物生长的盐碱地，还是海拔上千米的山地，黑大豆都照样能生长。

另一方面，黑大豆的营养价值也不容小觑。黑大豆不仅富含蛋白质、脂肪，能满足人体对能量的需要，还含有维生素、黑色素、卵磷脂等物质，具有营养保健作用。自古就有"大豆数种，唯黑入药"的说法呢！研究表明，与其他同类浅色食物相比，黑色食物的营养价值普遍更高，就比如黑大豆，它含有的多酚类化合物相比于其他谷物和豆类含量更高、种类更丰富。而多酚类化合物，具有抗炎、降血脂等功效，对许多慢性疾病能起到预防和调节的作用，具有良好的医用价值呢。总之，常吃黑大豆有益于健康。

古代有一个关于黑豆的故事。明代的大学士徐溥（pǔ）准备了两个瓶子：每做一件错事，就在一个瓶子里放一颗黑豆；每做一件好事，就在另一个瓶子里放一颗黄豆。不愧是大学士，把自己的言行可视化，一目了然。刚开始，黑豆比黄豆多，他就反省自己，效仿古人，规范言行。后来，黑豆和黄豆一样多，他觉得更加不能松懈，

要进一步全面提升自己才行。经过不断的自我鞭策，徐溥的瓶子里不再有黑豆，他也终于功成名就，成为一代名臣。

虽然在这个故事中，黑豆被用来表示做错了一件事，但这从侧面反映了当时黑豆较为常见，是百姓生活中重要的粮食作物之一。

其实豆子家族里穿“黑衣服”的成员有好几种呢！我们常说的黑大豆，是大豆这个大家族中种皮颜色黑黑的品种，就像黄大豆、青大豆只是穿了黄衣服、青衣服一样——它们本质上都是大豆。黑大豆中蛋白质含量超过35%。黑大豆还富含油脂，所以常被用来榨油、做豆腐或者酿酱油。在《本草纲目》里还记载着黑大豆能补肾、乌发，在中药铺里经常能见到它。

不过咱们平时买菜时说的“黑豆”范围更广，既有前面说的高蛋白黑大豆，还有一种叫黑芸豆的“淀粉小能手”。黑芸豆其实是菜豆家族的成员（和红豆、绿豆是亲戚），虽然不如黑大豆那么“高蛋白、高人气”，但它对健康的好处可不少呢！这种黑乎乎的小豆子淀粉含量高达60%以上，简直就是天然的能量仓库，特别适合体力劳动者或者需要补充能量的朋友；它富含膳食纤维，能像小扫帚一样帮助肠道蠕动，预防便秘；还能增加饱腹感，减肥人士用它代替部分米饭、面条超合适；更棒的是，黑芸豆的升糖指数比白米饭低很多，糖尿病人只要控制好量（比如每餐不超过一小把），就能安心享受它的绵密口感；它还自带多种B族维生素和矿物质，像铁元素就能悄悄帮我们预防贫血，钾元素则能辅助调节血压。不过要注意哦，因为它淀粉含量多又不好消化，吃多了容易胀气，建议煮之前先泡泡，搭配豇豆这类高纤维蔬菜一起吃会更舒服。

黑豆的故事咱们就先讲到这儿，最后呢，爸爸给你念一首关于黑豆的诗歌：

黑豆

（明）杨荣

黑化青仁亦太奇，
中含玄理少人知。
近来好为神仙药，
久服能令鬓不丝。

花生

跟着粮食去旅行——

又称落花生、泥豆、长生果、地豆、唐人豆等。

中国坚果香，

绿乳滋身强，

素荤皆称妙，

长生果永芳。

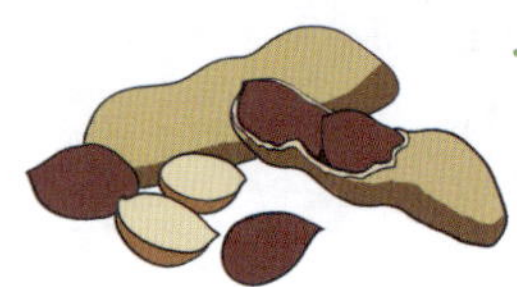

一起认识花生

大田图片

花生就像长在土壤里的豆荚，我们吃的部分是埋在地底下的果实。一眼望去看到的是花生植株的地上部分，绿油油的花生秧把美味藏了起来，让人们期待收获时的喜悦。

长在地里的花生近照

花生与根须相伴，收获时需要把它们从土里翻出来。

洗去了泥土的花生，有着圆润可爱的形态。花生外壳的纹路是它的标志，很容易辨认。

原粮近照

花生壳摸起来有些粗糙硌（gè）手，剥去外壳，会看到花生仁还穿着一层“薄衣服”。“薄衣服”的口感相对发涩，但它们的营养价值不容小觑（qù）。

花生壳看起来都差不多，但里边的花生仁穿的“薄衣服”的颜色不同，有的穿着“粉衣服”“紫衣服”，还有的穿着“白衣服”“黑衣服”甚至是“花衣服”，各种各样的颜色，别提多可爱了。

花生制品

花生煮着吃就很香，炒（炸）花生米更是一绝。搭配上黄瓜、胡萝卜、芹菜、辣椒等食材凉拌后，更是一道美味小菜。别看花生小小的，用途可多着呢，可以制成红泥花生、卤味花生、奶油花生等多种口味的花生零食。花生仁还能深加工成花生酱，抹面包、调火锅蘸料，可好吃了，是百搭的配料。花生还能榨成花生油，用花生油炒菜可香了。花生还可以加入牛奶里，好喝又有营养。将花生作为原料加入糕点中，也是不错的选择。

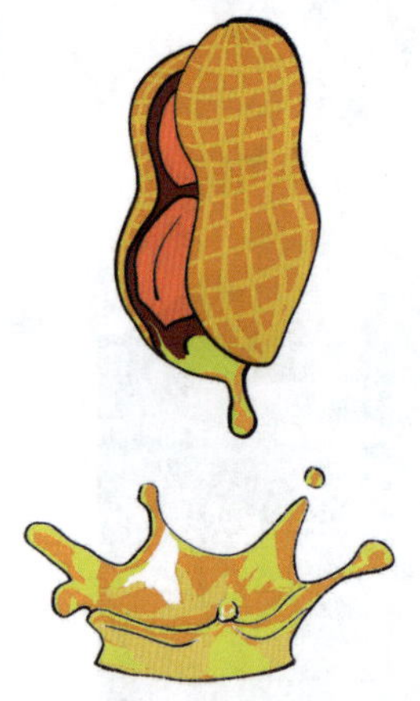

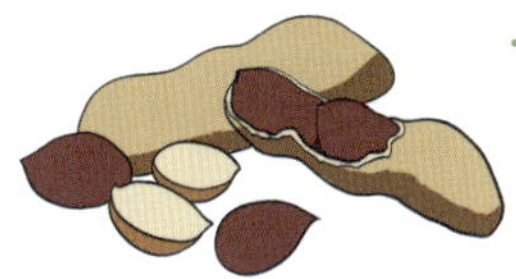

跟着花生去旅行

一天，在有“中国花生之都”美称的地方——河南省驻马店市正阳县，父子二人参观了收获花生的场景。

爸爸和小帅站在花生田边，远远望去，村民们正迎着朝霞机收花生。

随着机器“嗒嗒嗒”地开过，花生纷纷从泥土地里跳出来，整齐地翻着跟斗，稳稳地落到地面上。轻轻一嗅，空气中散发着潮湿的泥土味儿。

远远看着从地里翻出来的花生，小帅想起了番薯的故事，带着疑问说道：“花生也是在地底下生长的，那也像番薯一样，是植物的根吗？”

爸爸摇摇头回答道：“不是哦，土壤里的部分不一定都是植物的根。花生虽然长在泥土里，但比较特别，是植物的果实。”

小帅想了想，又问道："爸爸，'花生'为什么叫花生呢？它是花朵生的果实吗？花生名字里没有'番'字，所以它应该不像番薯一样是从国外引进的咯？"

"这个问题还真有些难回答。"爸爸笑着说，"花生的花开在地上、果实却结在地下，这样的植物是十分少见的。有句民谣是'花生花生，落花而生'，可能正因为这样，才被称作落花生吧。"

爸爸继续说："落花生其实才是花生的学名。作家许地山先生写有一篇散文，就叫《落花生》。"

小帅高兴地跳起来："哇，落花而生的花生也太奇妙了！"

爸爸看着眼前雀跃的小身影，又望向丰收的花生田，想了想，开始回答刚才的另一个问题："在很长很长一段时间里，人们一直认为花生是番薯的'邻居'，随着哥伦布的船队先到达吕宋岛，也就是现在的菲律宾，然后再跟着船队走啊走啊，来到了中国。"

小帅被爸爸的回答所吸引，好奇地看了看花生，又看了看爸爸。

爸爸继续说："后来啊，人们在中国的好几个地方，找到了花生很久很久以前就在中国生长的痕迹，那时间比船队来的时候要早得多，于是便有了花生早就生长在中国的说法。为此，考古学家、历史学家、农业学家们都进行了研究，探讨了很久很久。"

小帅有些着急地追问道："那现在呢？"

爸爸笑着抱起小帅看向田野："现在人们查到，元末明初的《饮食须知》为迄今发现的我国最早记载花生的文献，约早于欧洲100多年。"

爸爸看了看小帅，语重心长地说："这个世界上，也许有些问题，并没有准确的答案；也许有些问题，会随着时间的推移而发现新的答案。"

小帅似懂非懂地点点头，若有所思道："爸爸！我想听更多关于花生的故事！"

爸爸说："这就给你讲。"

博士爸爸讲花生

明末清初的时候，有个非常有意思的人，叫金圣叹。他是吴县（今江苏苏州）人，历史上很有名的文学家、批评家，被推崇为中国白话文学的先驱，在中国文学史上占有重要的地位！

金圣叹才华横溢、文笔幽默，即便临终也不忘幽默一把——"花生米与豆干同嚼，大有核桃之滋味。得此一技传矣，死而无憾也。"这是大师留下来的最后一句话。

说完花生的奇闻轶事，再说说它本身。花生不仅滋味美妙，营养价值也很高。它含有丰富的脂肪、蛋白质和碳水化合物。此外，花生还含有丰富的维生素 A、维生素 B_6、维生素 E 和维生素 K，以及矿物质钙、铁和锌等营养成分。花生不但可作为食物食用，还可以入药。又因其能够滋养补益，有助于延年益寿，民间称其为"长生果""万寿果""千岁子"。

别看花生个头儿小，作用可不小！除了是餐桌上的佳肴和生活中的美味小

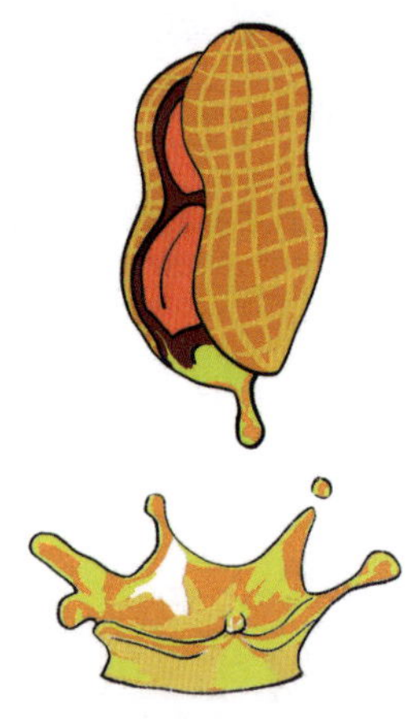

零食外，花生还是咱们国家四大油料作物之一。花生油香味独特、浓郁，其中的营养成分很容易被人体消化吸收。

咱们国家的花生资源很丰富，种植面积、产量和品质在世界上都是数一数二的。花生的种植主要分布在河南、山东、广东、辽宁、河北等地。中国早已是世界上最主要的花生生产、消费和贸易出口国啦。有句话是，“世界花生看中国，中国花生看正阳”。正阳县里还藏着一颗特别大的“花生”，那就是“中国花生之都”（一个花生形状的标志）。咱们国家还有个花生研究所，在山东省青岛市，下回咱们看看去。

花生的生命力顽强，种哪儿长哪儿，长哪儿活哪儿！可甜可咸、可炸可煮，甭管是对大文豪还是小老百姓来说，都是迷之美味！

关于花生的样子，还有段流传至今的童谣：

麻帐子，红被子，里面睡个白娘子。

小帅举起小手抢答道：“我知道我知道，里边说的‘白娘子’就是‘花生娘子’。”

爸爸笑答：“对啦！儿子真棒！”

绿豆

跟着粮食去旅行——

又称青小豆、菉（lù）豆、植豆。

豆子里的“绿珍珠”，

清凉消暑“小秘方”。

汤粥糕粉样样好，

家喻户晓人人夸。

一起认识绿豆

大田图片

远眺绿豆田，绿油油的一大片，很是让人赏心悦目。

长在地里的绿豆近照

绿豆苗的茎，一个劲儿地往上蹿。巴掌大的椭圆形叶子，碧绿碧绿的，很有生气。

细长的豆荚，里面排着一粒粒绿豆。豆荚初期是绿色的，随着时间的推移逐渐变深，成熟后变黑色。

原粮近照

小巧玲珑的绿色豆粒，一颗颗光滑饱满，圆滚滚的真可爱！看，小绿豆上还有一条短短的白线，像抿着嘴笑呢。

绿豆制品

绿豆可以做成各种各样的绿豆点心，如家喻户晓的绿豆糕和绿豆饼，老人孩子都爱吃。

绿豆能熬成绿豆汤，煮成绿豆粥，冻成绿豆雪糕，都是清凉解暑的美味。

绿豆还可以制成绿豆粉丝。随着绿豆产品的不断开发，现在还有绿豆酒、绿豆汁、绿豆淀粉等新兴产品呢。

这绿豆可不只咱们中国人喜欢，其他国家的人也喜欢。例如，在西班牙流行一种用料丰富的咸味儿绿豆汤，里边会放上火腿、胡萝卜、土豆、洋葱、青椒、特色香料，还有红酒，听说很受欢迎，有机会可以去尝尝其味道。

跟着绿豆去旅行

连续几日的高温，让人有了一种盛夏的感觉。小帅自从喝了一碗绿豆汤后一直念念不忘。抓住暑假的尾巴，父子俩来到了内蒙古自治区赤峰市阿鲁科尔沁旗，为的就是看一看心心念念的绿豆。

外边太阳正盛，小帅在车里写着暑假作业，爸爸端来了凉好的绿豆汤，小帅闻着飘过来的豆香味，停下了手中的笔。

爸爸还没来得及开口，小帅就伸手接过来说："绿豆汤终于来啦！"

小帅咕咚咕咚几口就喝下了一碗："嗯，清凉！还真是神奇，瞬间就觉得不热了。"

爸爸一本正经地说道："中医认为绿豆性味甘凉。大热天儿，喝一碗绿豆汤，可以补充水分、无机盐，保持体内电解质平衡。"

小帅不住地点头，捧着小碗期待地说："爸爸，那给我再来一碗吧！"

爸爸摇摇头说："绿豆汤虽好，可不能大量喝。绿豆性寒，喝多了身体容易受不了。特别是体质寒凉、肠道不好的人食用绿豆更要注意。另外啊，绿豆有神奇的解毒功效，如果在服药的时候吃绿豆，很有可能会减弱药性，影响疗效。"

"噢噢，好吧。"小帅舔了舔嘴巴，乖巧地放下碗。

"那我们去外面看看吧。"小帅朝窗外望去，绿豆田间，穿梭其间的人们忙着采收，远远听到"突突突"的拖拉机声，像是打着欢快的鼓点。

"走吧。"爸爸大手一挥，小帅雀跃地往外奔跑。

一个个"鼓鼓囊囊"的豆荚挂在枝叶间，现在正是收割的好时候，早一点儿豆子没那么饱满，晚一点儿豆荚容易炸裂开。小帅搓了搓小手，踮着脚，张望着，满心满眼都是“想试试”三个字。

爸爸终于点头，小帅便迫不及待地跑到田边，询问正忙着装车的农民伯伯，能不能借个袋子，他想帮忙摘些豆荚，也跟着感受一下丰收的喜悦。

小帅如愿以偿地拎着小口袋，奔向绿豆田。到了田里，小帅小心翼翼地俯下身子，靠近豆荚，仔细看了好一会儿，才采了一个豆荚。那呵护劲儿呀，生怕豆子从豆荚里跑出来逃走了。

爸爸问道：“咱们要顶着这酷热，才能换回解暑的绿豆，值吗？”

小帅抱紧了有些被泥土蹭脏的袋子认真地说：“当然值得啊！劳动最光荣，通过劳动才能懂得农民伯伯们的辛苦。”

小帅又说：“爸爸，你是不是忘了什么重要的事儿呀？”

爸爸想了想说：“讲故事？”

小帅点了点头：“嗯，讲故事！”

爸爸笑着说：“行，讲故事就讲故事。”

博士爸爸讲绿豆

在咱们国家，绿豆已经有超过2000年的栽培历史啦。早在商周时期，我们的祖先就已经开始种植绿豆，《吕氏春秋》《离骚》等文献中都有相关记载。到了20世纪80年代后期，我国越来越多的地方开始种植绿豆，现在主要产区是东北、黄河及淮河流域。

食用绿豆在我国也有悠久的历史，绿豆芽、绿豆粉等，早在宋代就已经被开发出来啦，绿豆汤也算是历经百年的“名汤”呢。

关于绿豆汤还有一个故事。清代施琅大将军准备带兵收复台湾，那时他和好兄弟苏顺成说：“咱俩这么多年的交情了，有件重要的事儿需要你帮忙。”施琅大将军看出征的路途遥远，又多是水路，希望苏顺成能够研究出一种干粮，让士兵能够在船上吃，最好是既有营养，又容易储存，还方便食用。

苏顺成知道施琅要来找自己，便提前备下了绿豆汤解暑。施琅尝完赞不绝口，思考了一番提议道："这绿豆吃来不错，做饼行不行？"苏顺成一点就通，很快就用绿豆做出了绿豆饼。之后，施琅的军队有了绿豆饼做干粮，个个都生龙活虎，别提多精神了。

后来，人们逐渐了解到绿豆有消暑解毒的药用价值，为避免绿豆的凉性，又研究出各种各样搭配的"绿豆食物"，绿豆饭、绿豆粥、绿豆粉等。这小绿豆看起来不起眼，却在舌尖上施展了大大的才华。

关于绿豆，还有一则在船上发生的小故事呢。在很久以前，那时咱们国家开始了对外贸易，和洋商有进口布匹和出口瓷器的交易。但是啊，洋商那时候盘算着咱们没有检测仪器，经常钻空子动手脚，运过来的布匹总是浸过水，送过去的瓷器总是碎。这布匹泡了水再晾干，看着没多大损伤却不能用了，咱们明知道有问题又抓不着证据，只能吃哑巴亏；那瓷器好端端地装上了船，到目的地却碎了好多，被对方要求额外赔偿……这里里外外都是赔，东西和银子都哗啦啦地流向了洋商。

这时候啊，一颗在船舱上骨碌碌滚过的小绿豆，改变了局面。

"今后，我们同时进口洋布和绿豆。装船时布匹和绿豆间隔排放。待船到港，先验舱后起货，否则布匹一律拒收。"

规定一发，之后的外来布匹，都要有小绿豆的"保护"才能合规。

为什么说是"保护"呢？因为啊，如果船舱进了水，箱子里的布匹湿了再弄干，明明被破坏了却很难证明。但绿豆不一样啊，绿豆遇水很容易发芽，发了芽的小绿豆，总不可能一下子变回去吧。所以啊，只要和布匹在一起的绿豆发了芽，就证明船舱进了水，布匹被损坏了，咱们呀，不收！

好了，洋商们只得乖乖地接受罚款。

但是，他们多不乐意呀，满脑子想的都是，等我们的瓷器运过去时，损坏了能加倍地索要赔偿。

咱们多聪明呀，举一反三。出口瓷器时规定，要在装船的空隙里放满绿豆。绿豆遇水发芽，细芽儿无孔不入，见缝就钻，将瓷器周围的空隙填得满满当当，任凭什么风浪颠簸，瓷器们也都安然无恙。

船只到港，瓷器完好无损，洋商们都惊呆了。这之后，洋商们再也不敢动手脚欺负人了。

原来绿豆除了可以吃，还有这么大的作用呢。说到吃，随着现代科学研究的进步，人们发现了绿豆更多的营养成分和价值。绿豆含有碳水化合物、蛋白质、脂肪、B 族维生素（B_1、B_2）、核黄素、胡萝卜素、烟酸，以及铁、钙、钾、镁等。因此，日常生活中常食用绿豆及其相关产品，可以强健骨骼和牙齿，促进机体发育，提高机体免疫力。

绿豆除了好吃有营养，还有什么用武之地呢？据《齐民要术》记载："美田之法，绿豆为上，小豆、胡麻次之。"意思是，绿豆当作肥料是最好的。绿豆根系上的根瘤菌可以固定土壤中的氮，而且耐旱长得快，非常适合跟其他作物一起轮种倒茬；也可将其根茎叶翻入地里作为绿肥。

近代诗人郑孝胥（xū）曾写过一首关于绿豆的诗，咱们一起来赏析一下：

憎浓喜淡理谁参，舌本荤（hūn）腥渐不堪。
绿豆冷淘浇白饭，何如莱菔（lái fú）苦中甘？

红豆

跟着粮食去旅行——

又称红饭豆、红小豆、赤豆等，

古称赤菽、小菽。

豆子里的“红宝石”，
营养丰富的小杂粮，
食用药用两相宜，
豆沙美食尤为名。

一起认识红豆

大田图片

红豆播种在田地里，叶子的形状像羽毛。小红豆藏在豆荚中，不告诉你便很难分辨它。

长在地里的红豆近照

红豆的豆荚会随着豆子的成熟慢慢由绿色变为浅褐色，变得薄而干燥。

原粮近照

刚采收的红豆带着豆荚，需要把红豆从豆荚里一粒一粒地剥离出来。

红通通的小豆子煞是惹人喜爱，颗颗光亮如红宝石一般。若是连成一排，那白色的小种脐连成一条线，像把一颗颗红豆用丝线串了起来。

红豆的颜色有亮红、深红、紫红，甚至还有橙红或者其他颜色。

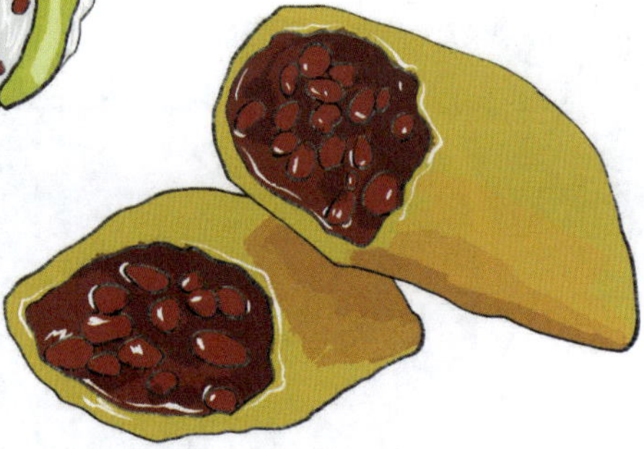

红豆制品

红豆常被做成红豆粥、红豆饼、红豆糕。红豆双皮奶、红豆西米露等红豆甜品也很受欢迎。

红豆还常用来制成豆沙，用于面食糕点中，既可作为馅料，也可用于搭配装饰。

跟着红豆去旅行

7月底的一天，爸爸带着小帅来到了黑龙江省鹤岗市萝北县的红豆种植地附近。这里日照充足，降水和高温季节同步，很适合红豆生长。

小帅早起洗漱完，看到餐桌上的早饭有点惊讶："爸爸，今天怎么想起来做包子吃呀？"

爸爸笑呵呵地端着粥出来了："因为今天故事的主角是红豆！这是豆沙包，爸爸还熬了红豆粥！"

"哇！原来豆沙馅儿是红豆做的呀！那我吃的豆沙月饼、豆沙面包，还有蛋黄酥和铜锣烧，它们也都是红豆做的吧？这些糕点都很好吃！"

"是的！"爸爸说，"红豆做成豆沙，能被用在多种食物中，非常受小朋友的欢迎。不过呀，红豆不仅可以用来吃，还具有深刻的寓意……"

小帅抢答道："我知道，是相思！我们老师教过那首诗呢，诗的开头是'红豆生南国'，结尾就是'此物最相思'！"

爸爸笑着说："答对了！余恕诚先生就曾在《唐诗风貌》一书中写道：红豆红中带黑，晶莹鲜艳，色调是寂寞沉静中带着热情和希望，确实可作为思念之情的象征。思念之情啊，的确是表面可见忧愁寂静，内心却是充满憧憬……"

小帅听着点点头又摇摇头，想了想说："不对不对！"

爸爸反问："哪里不对了？"

小帅挠挠头说："这诗里明明说的是红豆'生南国'，爸爸你怎么带我来'大东北'了呢？"

"哈哈！"爸爸大笑起来，"这里面学问可大了！此'红豆'非彼'红豆'。"

小帅皱起眉头："爸爸你在说什么，我根本听不懂。"

爸爸仔细解释起来："咱们国家是红豆生产大国，红豆在很多地方都有种植。在我国的粮食生产基地中，东北三省可是很重要的一部分，这儿的土地好，红豆收成好。"

爸爸继续说："咱们日常食用的红豆啊，也有很悠久的种植历史，但与古诗中所说的并不是同一种'红豆'。诗里写的'红豆'分布于热带地区，确实多生长于我国南方，成熟时豆荚高高挂在树梢，别具一格。咱们吃的红豆啊，生长在田地里，跟古诗中的红豆可不一样。"

"真的吗？"小帅将信将疑。

"当然是真的了！"爸爸拍拍胸脯说，"等你听了爸爸讲的红豆的故事，肯定就明白了。"

博士爸爸讲红豆

红豆，又称赤豆、红小豆等，是原产于我国的粮食作物，我国种植红豆的历史已经有 2000 多年了。咱们的老祖宗们啊，最不缺的就是神话传说了，红豆也不例外。

传说，火神祝融和水神共工闹矛盾，共工一怒之下撞倒了不周山，天塌地陷，造成了前所未有的灾难。共工有个儿子，比他爹还残暴。共工死后，他儿子也死了，并在临死前发了个毒誓，要报复祝融的子民。共工的儿子就化作了疫鬼，到处传播疾病害人。

老百姓是无辜的啊，这么遭罪可不行。祝融知道他的朋友红小豆有本事，能驱疫病，辟邪祟，于是祝融请来红小豆帮忙。红小豆给祝融的子民们分发红豆，教他们如何种植，如何食用，慢慢地把疫病赶走了。

传说只能说明民间对红豆的认可，并不能作为科学的证据。《神农本草经》《本草纲目》这些医药学著作里，对红豆有着科学的记载。《本草纲目》有言：

“近世咸用赤黑相间之草实为赤小豆者，谬甚矣。此豆以紧小而赤黯色者，入药最良，稍大而鲜红，及淡红色者，仅堪供食，并不疗疾。”

这里提到，赤小豆作为药材，效果极佳；而别的豆子经常被人误以为是赤小豆，却并不能治病。实际上，被叫作“红豆”的植物不只一种，比如被寄寓相思之情的红豆，并不是作为食物食用的红豆。

古时，一位娘子送相公去打仗，约定3年后归家相见。娘子日夜期盼，却等来了相公战死沙场的消息。她悲伤不已，以至于哭死于树下。在她死后，树上忽然结起了豆荚，豆荚里面的果实只有泪珠大小，而且晶莹鲜艳、半黑半红。人们认为那是娘子真挚的血泪凝成的，所以把它叫“相思子”。古诗中的红豆，指的大都是这个相思子。咱们平常吃的红小豆，并不是相思子。相思子可是有毒的，不能拿来食用。

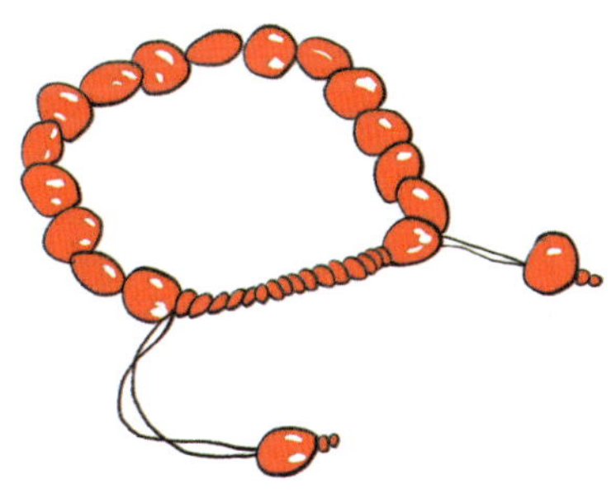

除相思子外，还有一种颜色鲜亮、形状较扁圆的海红豆，和长得像干枣子一样的红豆蔻也常被称为红豆。海红豆很美丽，多被做成装饰品和首饰，市面上常见的“红豆饰品”基本都是它。除此之外，海红豆根还能入药。红豆蔻也很厉害，它可是正儿八经的传统中药材！

大家平常食用的红豆虽然不是药材，但所含营养物质丰富，对人体很有益。从中国预防医学科学院修订的《食物营养成分表》中，我们可以发现，红豆不仅富含蛋白质、糖类这些能为人体提供能量的营养物质，还含有维生素B等活性成分，以及各种无机盐和矿物质元素。例如，红豆中含有能维持人体细胞新陈代谢的钾、和骨骼健康息息相关的钙、在运送氧气的血红细胞中起到关键作用的铁。红豆还含有人体需要的一些微量元素，这些微量元素虽然在人体中的量很少，可作用不小呢！此外，红豆中还含有较多能促进肠道蠕动的膳食纤维和能帮助人体吸收铁元素的叶酸呢。

因其营养物质丰富，红豆在食疗方面有着良好的表现。例如，红豆所含的维生素 B 能促进人体对碳水化合物的消化，加速人体的新陈代谢，还能减轻运动后的疲劳；所含的叶酸具有一些特定的功效，可以减轻水肿的状况等，尤其适合哺乳期女性食用；所含的纤维质不能被人体分解成小分子物质，因此能够促进肠道蠕动，改善便秘；所含的皂角苷也有类似纤维质的功效。在一定程度上，红豆可以促进人体代谢废弃物的排出，因此在解酒、辅助治疗肾病等方面可以起到一定作用。

平日里，我们可以煮些薏米红豆粥、红豆汤或红豆糖水，打豆浆时加入一些红豆，或者买点红豆沙馅做成包子、粽子等食品。适当食用红豆，美味又健康。

好啦，关于红豆的知识就先讲到这里。尽管咱们平时吃的红豆并不是“相思子”，但说起“红豆”二字，便令人起相思之情。因为以“红豆”入诗的第一人王维，作的那首《相思》实在太有名啦！

红豆生南国，
春来发几枝。
愿君多采撷，
此物最相思。

蚕豆

跟着粮食去旅行——

又称罗汉豆、胡豆、南豆、佛豆等。

用途广的经济作物，

重要的高蛋白粮食，

古代外来豆类作物，

经典故事口口相传。

一起认识蚕豆

大田图片

蚕豆长得很快，能长到 30 ~ 100 厘米高。

长在地里的蚕豆近照

随着蚕豆的生长，茎上会开出漂亮的花，花谢之后长出果实。蚕豆的叶子薄而舒展，一个个饱满的豆荚直挺挺地长在茎秆上，蚕豆安静地躲在里面，等待成熟后人们来采收。

原粮近照

青嫩的蚕豆，还带着鲜嫩的胚芽，从豆荚中剥离出来，就成为蚕豆食材了。

蚕豆身形扁扁，多为近圆形或椭圆形，半弧的种脐像在咧着嘴笑。

圆润的蚕豆原本是青绿色的，经过干制等加工工艺，就变成了褐色。不一样的颜色，也是不一样的美味。

蚕豆制品

蚕豆无论是凉拌、炒熟、水煮、油炸、焖饭、做汤，都别有一番滋味。各式各样营养美味的蚕豆小炒菜也很受欢迎。

跟着蚕豆去旅行

爸爸带着小帅走遍全国，5月底的一天来到了浙江绍兴。

小帅起床后，揉着惺忪的睡眼，看着窗外问："爸爸，咱们到哪里了呀？"

"浙江绍兴，咸亨酒店。"爸爸说，"鲁迅先生写过一篇文章《孔乙己》，就是这篇文章让蚕豆和这个酒店出名了。"

爸爸接着说："提到孔乙己，大家就会想到一种食物——茴香豆。"

小帅好奇地问："茴香豆？也是一种豆类粮食吗？"

爸爸笑眯眯地答："是，也不是。说不是，是因为茴香豆根本就不在豆类家谱中；说是，是因为茴香豆是用豆类中的蚕豆做的，也就是说，蚕豆加佐料做成小吃，就叫茴香豆！"

小帅恍然大悟："这样啊！那咱们是要去这个酒店吃茴香豆吗？"

爸爸看着小帅摇摇头说："孔乙己点的是'温两碗酒，要一碟茴香豆'，你想知道这一口的滋味呀，还要再长大些呢。"

"噢。"小帅似懂非懂地点点头，心想哪怕不去酒店，爸爸也一定准备好了茴香豆吃。

"嘿嘿，果然！"小帅跑去厨房揭开了锅盖，"我一猜就有好吃的！这茴香豆真是名不虚传，闻着味儿就很香！”

爸爸点了点小帅的鼻子说：“你这小机灵鬼！”

“嘿嘿！”小帅嬉皮笑脸地说，“爸爸，你给我说说呗，到底是怎么把蚕豆变成茴香豆的呀？”

“做这茴香豆啊，要先把蚕豆放在水里浸泡一会儿，然后捞出沥干水分。锅里添上水，把蚕豆放进去，大火煮开，煮到豆子微微开口，再把茴香、桂皮等香料和少许食盐放入锅里，转小火慢慢煮，等豆子进味儿了，锅里的水煮得差不多了，就可以出锅了。”

“那我可以尝尝了吗？”小帅问。

“可以啊！”爸爸说着把筷子递过去。

这茴香豆刚入口，好吃得让小帅眯起了眼睛：“这一颗颗蚕豆看起来还完完整整的，吃起来好糯呀，一点儿也不硬。”

小帅回味着说：“煮了这么久，连蚕豆皮也软透了，但这豆肉一点儿都没煮烂，酥软咸鲜，可真好吃。”

“嚯，你还挺会吃！”爸爸笑起来，“绍兴有首歌唱茴香豆的民谣，是‘嚼嚼韧纠纠，吃到嘴里糯柔柔’。”

“那可不。”小帅看看爸爸说，“咱们待会儿再去尝尝酒店的茴香豆什么味道吧。”

爸爸摸摸小帅的小脑袋说：“这绍兴的黄酒啊，十分有名，钟爱黄酒的绍兴人少不了将黄酒入菜，爸爸猜这酒店的茴香豆，也带着酒香！”

爸爸说罢，从锅里盛了一小碟茴香豆递给小帅：“咱们父子俩就先紧着这锅里的茴香豆吃吧，家里煮的味道，是哪儿都比不了的。”

小帅想了想，眨眨眼睛又问：“那爸爸你也准备了蚕豆的故事吗？”

爸爸笑着说：“当然！蚕豆的故事早就准备好啦，就等着你吃完茴香豆来听了！”

博士爸爸讲蚕豆

蚕豆的老家在欧洲地中海沿岸、亚洲西部和非洲北部。据宋代《太平御览》记载，蚕豆是西汉时张骞出使西域的时候带回来的，在中国已有2000余年的栽培历史。蚕豆是一种粮、饲、菜、肥兼用的作物。目前，青海、甘肃、云南等地是蚕豆的主要种植区。

关于蚕豆，有一个小故事。传说，明朝开国皇帝朱元璋想要吃一种蚕豆粥，请各个名厨来做，却都做不出他想要的味道。马皇后看他为此大发雷霆，担忧殃及无辜，就耐心地询问缘由。原来，朱元璋还不是皇帝的时候，有回打了败仗，失魂落魄地逃到浙江一个地方，在那里受到了一位老太太的救助。老太太用麦穗和蚕豆做了一碗麦蚕豆干粥，朱元璋觉得特别好吃，简直是人间极品！马皇后知晓内情后说解铃还须系铃人，建议找来那位老太太给朱元璋再做一次蚕豆粥。等找到了人，老太太却说，要朱元璋饿三天再给他熬粥吃。朱元璋答应了。三天后朱元璋应约而至，吃了一口蚕豆粥，觉得口感不对就不吃了。老太太解释说，当年他饥饿难耐，吃什么都觉得好吃；现如今，他当了皇

帝，每天锦衣玉食，就会觉得这麦蚕豆干粥难以下咽了。粥还是那碗粥，只是朱元璋，已经不是当年的朱元璋了。

其实蚕豆还是很美味的，蚕豆搭配上各种食材，再以合适的方式烹饪，做出来的菜肴，既美味又健康。

此外，蚕豆还可以加工成很多食品，如五香豆、兰花豆、怪味豆，以及粉条、粉丝、酱油、豆酱等，这些食品里面都有蚕豆的身影。

蚕豆含有丰富的维生素 B_2、维生素 C、粗纤维，还有钙、磷、铁，以及 8 种人体必需氨基酸。这些营养成分，使得蚕豆具有延缓动脉硬化、降低胆固醇、预防心血管疾病等功效。此外，适量食用蚕豆可以益气健脾、健脑、促进骨骼生长等。

经常食用豆类食物，可增加膳食营养素的摄入，使得饮食结构更健康合理。和其他豆类相比，蚕豆中必需氨基酸的含量明显高于联合国粮农组织（FAO）和世界卫生组织（WHO）规定的标准，完全满足理想蛋白质的要求，能够为人体健康提供平衡的营养。

好了，蚕豆的故事讲完了。刚才提到的绍兴民谣，我再给你念一念：

桂皮煮的茴香豆，
谦裕、同兴好酱油，
曹娥运来芽青豆，
东关请来好煮手，
嚼嚼韧纠纠，
吃到嘴里糯柔柔。

豌豆

跟着粮食去旅行——

又称麦豌豆、麦豆、寒豆、青豆、荷兰豆等。

童话里的试金石，

历史中的名点心，

浑身上下都是宝，

尝一口就忘不了。

一起认识豌豆

大田图片

一朵朵豌豆花长在茂盛的绿叶间，开得格外显眼。豌豆花有白色、紫色、红色和紫红色等颜色。

长在地里的豌豆近照

拨开青茎绿叶，豌豆豆荚三五成群地挂在枝头上。你看，这豆荚的一角顶着还没完全凋谢的小花，真像一个绿宝宝戴着一顶白色的小帽子。呼，风一吹，那白色小帽子好像就要跑掉啦……

原粮近照

成熟的豌豆荚，肚子圆鼓鼓的，两头尖尖的，微微向上翘，像一个小月牙。

轻轻剥开一个豌豆荚，七八颗绿色的小豆子，圆溜溜的，排成一排，像是躺在妈妈怀抱里睡觉。不同品种的豌豆，小豆子的形状和颜色可能不同，有圆粒、皱粒、凹圆粒和扁圆粒，有绿色、黄白色、粉红色、褐色、黑色等。

豌豆制品

成熟的新鲜豌豆颜色清新，用手轻轻搓去外皮，露出来的豌豆仁呈金黄色。

新鲜的豌豆放到冰箱里速冻起来，或者制成干豌豆，能保存更长时间。

豌豆磨成粉，可制作粉丝、面条、糕点等。

豌豆的嫩荚和嫩豆粒可做菜肴。

豌豆还能制成各种口味的香酥豌豆小零食，小小一粒有滋有味，又香又脆。

西餐常把豌豆做成豌豆汤和豌豆泥。

跟着豌豆去旅行

初冬时节，爸爸带着小帅来到了四川。

父子二人挑了家颇为地道的餐馆。爸爸看完菜单，点了好几样豌豆菜品：豌豆凉粉、清炒豌豆尖、豌豆虾仁、豌杂面、酥肉豆汤饭。

小帅早早地摆好了碗筷，身子坐得笔直，一切准备就绪，只等美食上桌。

爸爸点的豌杂面先上来了。绵软的豌豆和浓郁的杂酱铺在筋道的面条上，配上脆嫩的豌豆苗和细切的小葱，色泽鲜亮诱人。筷子轻轻搅动，拌面里的热气和香气扑面而来，着实馋人。

吡溜，吡溜，搅拌后煮熟的豌豆均匀地裹在面条上，吃起来有沙沙的口感。更别提带着杂酱和面香，真叫人招架不住，只想着再来一口。

正巧，小帅点的酥肉豆汤饭也来了，父子俩不约而同地把手中的筷子换成了汤匙。

呼噜，呼噜，豆汤又香又浓，炸至金黄的酥肉和米饭泡在汤汁里，只需一口，味蕾就得到了极大满足。

这时，清炒豌豆尖和豌豆虾仁也上桌了。平时不那么爱吃青菜的小帅这时却毫不犹豫地夹了一筷子豌豆尖，边吃边啧啧称赞："这个菜吃起来也有一点儿豆香味，感觉好新鲜好脆嫩啊。"

爸爸赞同道："现在正是品尝豌豆的好时节，只需简单的烹饪就能品尝原汁原味的食材。"

小帅舀了一勺豌豆虾仁，称赞道："这个也好棒！虾仁弹弹的，好像虾仁的鲜香让豆子的味道更鲜美了。"说完一勺一勺地吃起来，根本停不下来。

最后上桌的是豌豆凉粉。小帅有些饱了，但还是禁不住诱惑，尝了一口。

“爸爸，你快尝尝，这个凉粉吃起来滑滑弹弹的，像酸辣味的果冻一样。实在是太好吃了！”小帅摸了摸圆鼓鼓的小肚皮，靠在椅背上心满意足地感叹道。

爸爸也满意地点点头：“是啊，没想到豌豆能变化出这么多美食，真让人惊喜！”

小帅惊讶地说：“这些都是豌豆做的吗？”

爸爸反问道：“是啊，难道你没发现吗？”

小帅看了看桌上空空的碗碟，若有所思道：“是有很多小豆子，可是颜色都不一样呀？豌豆虾仁里的豌豆是绿色的，豌杂面和酥肉豆汤饭里的豌豆是黄色的。”

小帅想了想又补充道：“还有样子也不同啊。豌豆凉粉里就没有找到豆子的影子。”

爸爸笑了：“豌豆全身都是宝，刚才豌杂面里那细细嫩嫩像‘小豆芽’一样的菜，是豌豆苗；你喜欢的那碟小青菜是豌豆尖；豌豆虾仁里是新鲜的绿色豌豆；酥肉豆汤饭和豌杂面里边用的都是干豌豆；这豌豆凉粉是用豌豆粉做的，虽然看不到一颗颗‘豆子’，但用的食材也确确实实是豌豆呀。”

爸爸指了指旁边的透明调料罐说：“你看，这儿还有豌豆豉，是一种调味料。豌豆还能做很多好吃的，比如豌豆黄就是豌豆制作的。关于豌豆黄还有个小故事呢，好像还没给你讲过。”

小帅迫不及待地对爸爸说：“爸爸，快给我讲讲吧！”

看着小帅对豌豆充满了好奇心，爸爸说：“好。这豌豆啊大家也叫它‘聪明豆’，好好吃饭，好好听故事，小朋友都会变得越来越聪明。那先给你讲讲小豌豆的身世……”

博士爸爸讲豌豆

豌豆是世界上重要的粮食作物之一，它起源于亚洲西部和地中海地区。早在公元前6000年，两河流域就开始种植农作物，最早的农作物里就有豌豆。豌豆引入中国栽培的时间也有2000多年了，相传为西汉张骞从西域引入。目前，豌豆在我国的主要产地有四川、湖北、河南、江苏、青海等省份。

说起豌豆，有一个著名的童话故事，叫《豌豆上的公主》，是丹麦著名作家安徒生写的。

从前有个王子，想娶一位真正的公主为妻，但寻寻觅觅很久，一直没有找到。

一天深夜，狂风怒吼，雷雨交加，外面的树枝都被吹得哗哗作响，大家都紧闭着门窗待在屋里不敢出门。这时，城堡的门突然被“咚咚咚”地叩响，一名自称是公主的女子前来借宿。这位公主被雨水浇得衣服都湿透了，长发和裙子滴着水，鞋子也被泥土糊得看不清。善良的王后让公主住进了城堡，同时，想方设法验证她到底是不是真正的公主。

王后悄悄在公主的二十层床垫和二十层鸭绒被下面放了一粒小豌豆。次日一早，王后询问公主睡得好不好。不知情的公主诚实地说总感觉床上有个东西，硌得浑身发疼，几乎一晚没合眼……

她是真正的公主，只有真正的公主，才会拥有那么娇嫩的皮肤。公主通过了王

后的考验。王子也因为那颗小豌豆，终于找到了一位真正的公主。

讲完《豌豆上的公主》，咱们再讲讲豌豆黄的故事。

在清朝时，大总管李莲英吩咐御膳房为慈禧太后特制了一款点心，就叫豌豆黄。

这豌豆黄，是精选上等的嫩豌豆制成的。慈禧太后尝了一块豌豆黄，特别喜欢，赞不绝口。后来，这皇室呀，贵族呀，乃至京城的老百姓，都喜欢上了豌豆黄。有一句诗词写道："从来食物属燕京，豌豆黄儿久著名。"

小豌豆不仅颜色诱人，美味可口，还是一种营养佳品。豌豆含有维生素C、维生素B_1、维生素B_2、胡萝卜素及镁、钾、铜、铬等矿物质营养元素，可以保护血管，预防高血脂、心脏病等疾病的发生，促进糖和脂肪的代谢，改善糖尿病症状。此外，豌豆中的蛋白质是优质蛋白质，含有人体必需的8种氨基酸，能调节体内代谢平衡。

总之，豌豆的营养价值非常高，经常吃豌豆，好处多多。当然，我们在吃豌豆的时候也一定要适量，一下子吃得太多可能会引起消化不良、腹胀等问题。还有一点需要注意，豌豆和四季豆一样含皂苷（gān），不宜生食哦。

最后跟着爸爸一起朗诵一段诗歌吧。

过汤阴市得豌豆大麦粥示三儿子（节选）

（宋）苏轼

青斑照匕箸，
脆响鸣牙龈。
玉食谢故吏，
风餐便逐臣。

鹰嘴豆

跟着粮食去旅行——

又称鸡豆、鸡心豆、鸡豌豆、桃豆等，

维吾尔语称诺胡提。

珍珠果仁脂肪克星，

形状奇特性如金豆，

助人长寿天山奇珍，

小小一粒贡献非凡。

一起认识鹰嘴豆

大田图片

走进一望无际的鹰嘴豆种植基地，能看到一个个豆荚挂在那儿，和飞来的蝴蝶随风对舞，像是在庆祝即将到来的丰收。

长在地里的鹰嘴豆近照

鹰嘴豆的豆荚看起来胖嘟嘟的，不像豌豆等其他豆类的豆荚那样细长。鹰嘴豆一般一个豆荚里只能装得下一两个豆子。仔细看看，就能看到豆荚上有一层细小的茸毛，加上它胖乎乎的“身材”，很是可爱。

原粮近照

鹰嘴豆的豆荚有个尖尖的“嘴”，里边豆子的形状更接近球形，同样也有个尖尖的小“嘴”。

鹰嘴豆的种子独特，表面不像大豆、绿豆那样光滑，而是粗糙不平的。

鹰嘴豆制品

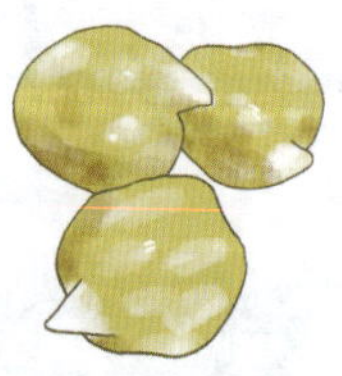

鹰嘴豆煮熟后可以做凉菜，油炸后可做成零食等，鹰嘴豆泥在各种佐料的搭配下，也是一种美食。

跟着鹰嘴豆去旅行

8月初的一天爸爸带着小帅来到了新疆维吾尔自治区木垒哈萨克自治县。

小帅在车上望向窗外："哇！爸爸，外面那一望无际金灿灿的田地，好漂亮啊！像一片金色的海洋！"

爸爸看一眼窗外："你知道那是什么吗？"

"我知道，我知道！"小帅兴奋地说道，"肯定是豆子，我看到了像豆荚一样的东西！"

爸爸靠边停下车，对小帅说："豆子可有很多种哦！是什么豆子呢？"

"肯定是大豆！"小帅激动地说，"大豆熟了就是黄色的！"

"哈哈哈！"爸爸打开车门说，"咱们这就去揭开谜底！"

小帅蹦蹦跳跳地下了车，跟在爸爸后面来到了田地旁。

"这里真是太美了！像风景画一样。"小帅晃着爸爸的手臂说道。

爸爸慈爱地看着小帅："是啊，每年这个时候就会有来自全国各地的画家在这里写生呢！一会儿我们也试试，把这漂亮的风景画下来，好不好？"

"好呀，好呀！"小帅兴奋地跳起来。

"走吧，咱们过去看看。"爸爸牵起小帅的手，向田地里走去。

到了田地里，小帅好奇地问：

“这个豆荚的形状好奇特呀！跟之前见过的豆子的豆荚都不一样，这是什么豆子啊？”

“不觉得它是大豆了吗？”爸爸笑着问小帅。

“它跟大豆豆荚一样毛茸茸的，但是它胖胖的，而且这里好奇怪，像鸟嘴一样尖尖的。”小帅指着鹰嘴豆的“嘴”说道。

“观察挺仔细，想象力也不错。”爸爸拍拍小帅的头，“正是因为那里尖尖的，像鹰的嘴，老祖宗们才给它取名鹰嘴豆。”

“那这里一整片全部都是鹰嘴豆？”小帅望向远方。

“对啊，新疆木垒县是中国最大的鹰嘴豆生产基地，也被称为‘中国鹰嘴豆之乡’。”爸爸带着小帅在田间穿梭，“这里拥有种植鹰嘴豆得天独厚的自然环境，常年干旱少雨的气候、肥沃的黑钙土等都是利于它生长的条件。”

“种了这么多鹰嘴豆，一定是喜欢吃的人很多吧？”小帅看向爸爸。

“你说的没错，当地人对它格外青睐，从主食到零食，很多美食中都能见到鹰嘴豆的身影。”爸爸笑着对小帅说。

听到有好吃的，小帅的眼睛瞬间放光：“哇，那肯定很好吃！”

爸爸神秘地说：“走，咱们回车上找找，看看爸爸准备了哪些与鹰嘴豆有关的美食。”

小帅兴高采烈地跑回车上。“慢点儿，没人跟你抢。”爸爸笑着追上去。

“来来来，你慢慢吃。”爸爸把菜摆好。

小帅赶紧喝了一口鹰嘴豆奶：“好香啊，怪不得大家都喜欢鹰嘴豆奶呢。”

“大家喜欢鹰嘴豆不只因为

它味道好，还因为它营养价值高。鹰嘴豆富含钙、镁、铁等矿物质营养，还有10种以上的氨基酸及多种维生素，属于高营养豆类食物，被称为‘黄金豆’‘长寿豆’。”爸爸边给小帅夹菜边说。

“嗯嗯，好吃又营养！”小帅一边吃着碗里的，眼睛还一边盯着菜盘里的美味，“我们回去的时候多带些，给妈妈也尝尝！”

爸爸摸摸小帅的头说道：“哈哈，儿子带的礼物妈妈肯定特别喜欢，而且鹰嘴豆堪称‘脂肪的克星’，高蛋白、低热量，吃了饱腹又抗饿，多吃还不胖，特别适合减肥人群！”

小帅惊讶地抬起头：“鹰嘴豆好神奇啊，它怎么会有这么多优点。那它还有什么其他特点吗？”

“爸爸慢慢跟你说啊……”

博士爸爸讲鹰嘴豆

鹰嘴豆起源于亚洲西部和近东地区。公元前2000多年前的埃及尼罗河流域就已有栽培。主要分布在温暖干旱的地区，40多个国家均有种植，其中亚洲栽培面积最大，其次为非洲。现在，欧洲也已经将鹰嘴豆作为日常饮食的一部分啦！鹰嘴豆现在是世界第三大重要的食用豆类作物。

在我国，有很多人还没见过鹰嘴豆。那是因为，在我国鹰嘴豆主要生长在新疆的天山附近，那里是祖国的边疆地区。目前，新疆木垒县鹰嘴豆种植面积已达10万亩，占我国鹰嘴豆种植面积的83%，木垒县也因此成为中国最大的鹰嘴豆生产基地，赢得了“中国鹰嘴豆之乡”的美誉。鹰嘴豆何时传入我国尚不清楚，但作为新疆维吾尔的一味药材已有2500多年历史。它在我国多个省份均有种植。

鹰嘴豆有着独特的营养价值和功能。它不仅富含植物蛋白，其中含18种氨基酸，而且富含维生素及其他微量元素。因此，鹰嘴豆是一种可以改善居民膳食结构的粮食。

鹰嘴豆还具有药用价值，作为保健产品的辅料，可帮助人们调节血糖、提高免疫力、降低血脂，长期食用可以润肺止咳、增强体魄、改善记忆力，对糖尿病、肺病也都有不错的疗效。因此，鹰嘴豆是维吾尔族传统的药食两用食物，在维吾尔医学中享有极高声誉。

此外，鹰嘴豆与许多豆科植物一样，与其共生的根瘤菌能够利用空气中的氮气，这样人们就不用施很多氮肥，所以，种植鹰嘴豆既能保护土壤、固氮养地，又能节约成本，使得当地农业能高质高效地发展。

总之，鹰嘴豆具有独特的优势，发展前景光明。

鹰嘴豆可以做很多美食，尤其在新疆做法多样：做抓饭、磨豆浆、煮粥，甚至吃凉皮子、吃鸡蛋都会加鹰嘴豆。还有鹰嘴豆泥，它是一道传统的阿拉伯菜，在我国很受孩子们的喜爱。

好了，鹰嘴豆的知识就讲到这里。这里有一首关于鹰嘴豆的现代诗歌，歌颂了大自然对人类的馈赠，爸爸念给你听：

咏鹰嘴豆

陈子才

营养丰富新疆豆，七高奇绝功能多。
食用入药两相宜，消脂降糖斗癌魔。

跟着粮食去旅行——

jiāng
豇豆

又称角豆、带豆、姜豆、饭豆等。

豇豆长如绿丝带，
高挂架上随风摆，
历史悠久营养好，
家家户户寻常见。

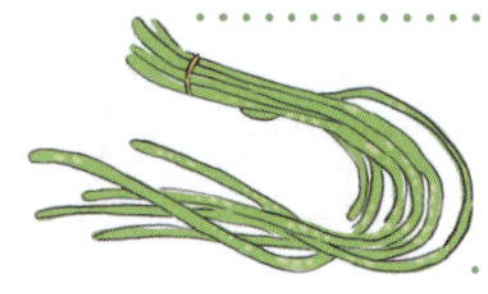

一起认识豇豆

大田图片

夏日，正是豇豆生长旺盛的季节。一片片碧绿的豇豆叶，有的似心形，有的似桃形，一阵风吹过，叶子不停地含笑点头。那一根根墨绿的或是浅绿的豇豆在大地的滋养中显得欣欣向荣。

长在地里的豇豆近照

茂密的豇豆地里，一根根长长的豇豆高高地挂在枝头，缕缕垂下，像“万条垂下绿丝绦”的柳条。

豇豆刚长出来的时候，纤细得仿佛风轻轻一吹就能吹断。它要先长（zhǎng）长（cháng），再慢慢长粗。但别担心，豇豆长得可快啦，一夜之间，就能长上好几厘米呢。

原粮近照

刚摘下的豇豆荚鼓鼓囊囊，轻轻一捏就蹦出几粒调皮的种子。这些种子也叫饭豆。豇豆每荚有种子 6 ~ 12 粒。籽粒的颜色有浅黄、红、黄绿或花斑等。

豇豆制品

根据自己的喜好，人们可以用未成熟的豇豆豆荚做出各种菜肴，比如干煸豇豆、豇豆炒肉丝、凉拌豇豆等。干豇豆、酸豇豆也是传统美食。此外，成熟的豇豆种子可与其他的粮食混合煮饭或磨面作为主食，也可制作豆沙。

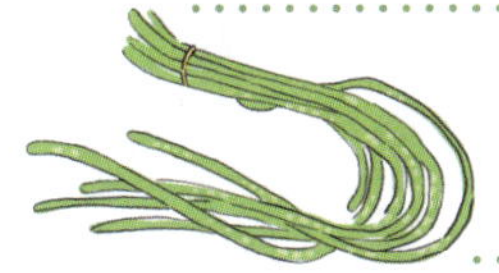

跟着豇豆去旅行

暑假到了，父子俩决定到广西壮族自治区北海市合浦县旅行。一路上花草繁茂，蝶舞蜂飞，父子二人一边哼着歌一边欣赏着沿途美景。中午，父子俩来到了一家渔家乐吃饭。

刚走进店里，一股浓郁的鲜香扑面而来，不愧是沿海地区，桌桌都实现了“海鲜自由”。特别引人注意的是，几乎每张桌子上，都放着一个黑色的砂锅煲，靠近一瞧，居然是一锅绿绿的素菜。

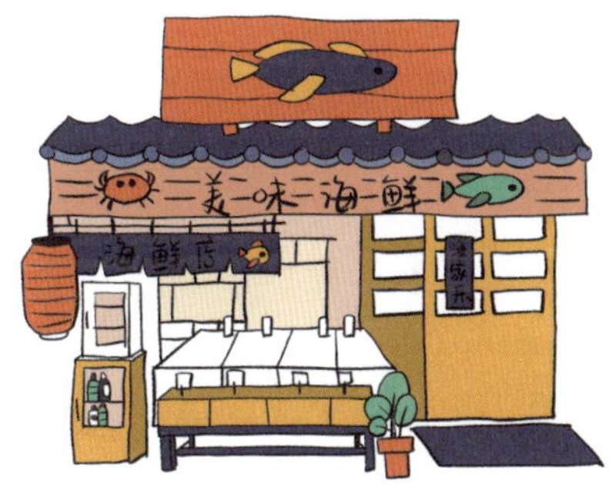

小帅很好奇，凑近爸爸小声问：“那砂锅里是什么呀，桌桌都有，应该很好吃吧？！”

“小馋猫！”爸爸笑着说，“这合浦啊，不仅有各种海鲜，还有个‘中国豇豆之乡’的称号呢！这里土壤疏松，雨水充足，出产的豇豆品质上乘，人人都爱吃。这砂锅煲里肯定是豇豆。”

小帅听完，拿着菜单一目十行，可看了一遍又一遍也没有找到豇豆。

小帅挨着爸爸小声说：“爸爸，‘豇豆’怎么写呀，好像找不到呢？有个‘沙蟹汁焖豆角’，是这个吗？不会点错吧！”

爸爸点点头说："没错。豇豆俗称长豆角，人们也叫它豆角。这个'豇豆'的'豇'字，是左边一个豆子的'豆'，右边一个工人的'工'，念豇（jiāng）！上海方言中也念'gāng'。"

"嗯嗯，记住了。"小帅指指菜单说，"那咱们快点菜吧，我可真好奇这里的豆角是什么味道。"

新鲜的豆角熟得很快，店家动作迅速，菜很快就端上桌了。

翠绿的豆角裹着一层浅浅的灰色汤汁，闻起来清新中带着一股咸鲜味儿，让人感觉好像正在海边吹着咸咸的海风，一不小心撞上了抽芽的新树，很奇妙。

小帅伸着筷子靠近锅沿又后撤回来，想夹过来尝尝又悬着手腕犹豫不决。

爸爸看着小帅，忍着笑说："试试吧，吃完一次保准你想吃第二次。"

小帅鼓起勇气夹了一根。哎哟喂！这滋味儿可真赞！

小帅忍不住感叹道："这菜味道可真特别呀，蟹汁咸鲜浓厚，豆角焖得很入味儿，一口咬下去，豆角汁沁出来又很清甜。"

"咯吱咯吱，"小帅吃得津津有味，"真有意思啊，还能嚼到小蟹脚呢！"

"是不错。"爸爸又夹了一筷子说，"用沙蟹汁提味的豆角鲜香可口，很有特色啊！"

小帅一口接一口地吃着，边吃边说："真好吃！我大概再也没法拒绝豇豆的诱惑了。"

爸爸微笑着，用筷子轻轻点了点小帅碗里的豇豆，说："小帅，你知道吗？这豇豆可不只是餐桌上的这些美味，它的籽粒还能变成香甜的豆沙，成为各种点心的灵魂呢！"

小帅眼睛一亮，筷子停在半空："豆沙？就是豆沙包、豆沙月饼里的那种吗？"

"没错！"爸爸点点头，"豇豆的籽粒经过浸泡、去皮、煮熟、研磨，再加入糖和油慢慢熬煮，就能变成细腻绵软的豆沙。它不仅可以直接吃，还能做成豆沙包、豆沙月饼、红豆汤圆，甚至豆沙酥饼呢！"

小帅听得入迷，忍不住夹起一筷子豇豆，细细咀嚼："原来我吃的每一根豇豆，都可能在未来变成甜甜的豆沙呀！”

爸爸笑着摸了摸小帅的头：“是啊，食物就是这样神奇，从田间到餐桌，再到我们的点心盒里，豇豆完成了它的奇妙旅程。”

小帅点点头，忽然举起筷子：“那我要多吃几根！”

爸爸哈哈大笑：“好啊，那我们就多吃点，让豇豆的旅程变得更精彩！吃完爸爸给你介绍介绍豇豆的身世。”

博士爸爸讲豇豆

豇豆是一年生豆科植物，喜欢生长在土壤肥沃、疏松、保肥保水性强的地方。那豇豆的祖籍在哪里呢？因为在非洲发现了野生的豇豆，所以现在比较普遍的说法是，豇豆起源于西非。豇豆是豆科作物的重要成员之一，目前在世界各地均有种植，主要分布在温带、亚热带、热带地区。

我国种植豇豆也有悠久的历史，南北朝《齐民要术》中就提到了豇豆。豇豆也是常见的蔬菜，已在我国广泛种植。早春时，农民伯伯就会在菜地里种下豇豆种子。过不了多久，豇豆种子就会发芽。豇豆苗长大后，人们会用竹竿或树枝给豇豆搭个架子，以便其茎蔓更好地生长并开花结豆。豇豆有不同的品种，可以分为普通豇豆、短荚豇豆和长豇豆。每种豇豆的特点不一样，用途自然也就不一样。普通豇豆和长豇豆的嫩芽可以做菜，做法也有很多，可以焯水后凉拌，也可以炒，还可以做成酸豇豆，作为日常的拌饭小菜。此外，把成熟的豇豆晒干后，里面的豆子也可以吃，常称为饭豆。饭豆常见的做法是与其他豆类一起做成八宝粥。西北地区的人们常常把豇豆的豆子磨成粉做面条或馒头。

总之，豇豆是一种营养非常丰富的豆类食材，明代的《本草纲目》中曾这样记载豇豆，“嫩时充菜，老则收子，此豆可菜可果可谷，备用最多，乃豆中之上品”。豇豆中含有优质蛋白质、维生素、矿物质营养元素等。这些营养物质不但能够促进人体的吸收和代谢、清除体内的垃圾和毒素、增强体质，还能促进胃肠蠕动，有开胃的功效。这对治疗和预防便秘都是有帮助的。此外，豇豆中的磷脂和维生素 B_3 可以促进胰岛素分泌，可以说豇豆是糖尿病人绝佳的食品。

总而言之，豇豆的好处多多，经常食用能让人们的身体更加强壮。但豇豆不可以吃太多，否则容易消化不良。另外切记，生豇豆中含有有毒的溶血素和毒蛋白，煮熟后这些物质才会被破坏。

说了这么多，爸爸想起一首诗，给你读读啊：

豇豆

（明）吴伟业

绿畦过骤雨，
细束小虹蜺。
锦带千条结，
银刀一寸齐。
贫家随饭熟，
饷客借糕题。
五色南山豆，
几成桃李蹊。

油茶籽

跟着粮食去旅行——

又称山茶籽。

皇帝赐封“宫廷御膳”，

乡村致富的“金果子”，

高价值“油中软黄金”，

享誉国际的“东方橄榄油”。

一起认识油茶籽

大田图片

油茶树四季常青，一层层依山而植。微风拂过，枝叶摇动，漫山涌起绿色波浪。秋冬时节，油茶花开，花香阵阵。

长在地里的油茶籽近照

绿油油的油茶林，果满枝头。椭圆形的果实挂在油茶树上，像一个个可爱的小宝宝，依偎在妈妈身上。洁白的花瓣，金黄的花心，一朵朵，争奇斗艳，构成一幅美丽的风景画。

坚实的油茶树枝被绿叶下沉甸甸的油茶果压弯了腰，红中带黄的果实散发出阵阵清香。一串串油茶果，一颗紧挨着一颗，远远望去像涂了胭脂的玛瑙。油茶果表皮坚硬，裹着里面黑黝黝的油茶籽。

原粮近照

成熟后的油茶果一个个“咧开了嘴”，露出里面黑得发亮的油茶籽。一粒粒饱满的油茶籽像是要从壳里蹦出来一样。晒干脱壳后，有的油茶籽呈椭圆形，有的呈三角状，颜色多为褐色。

油茶籽制品

油茶籽经一系列工艺加工后，可榨成色泽金黄、澄清透明、香味醇厚的油茶籽油。油茶籽油是一种营养且美味的高品质食用油，具有“东方橄榄油”“长寿油”“东方神油”等美称。

跟着油茶籽去旅行

10 月下旬，爸爸带着小帅自驾来到了湖南省永州市。

这天天气晴好，秋风送爽，父子俩欣赏着祖国的大好河山，这时成片的树林从眼前飘过。

小帅有些好奇："爸爸，这一片片的树林是什么啊？还有阵阵果香味儿呢，我们可以下去看看吗？"

"好啊！"爸爸把车停好。

放眼望去，周边一座座山岭，坡地上郁郁葱葱，犹如一片绿色的海洋。

"哇，好壮观啊！"小帅兴奋地说。

爸爸接着说："儿子，这是中国油茶之乡——永州市祁阳县的油茶树林。"

小帅感叹道："这油茶林也太大了吧！"

漫山遍野的油茶树上，一颗颗沉甸甸的油茶果挂满了枝头，村民们穿梭其中，忙着采摘，丰收的喜悦挂在脸上。

"祁阳县油茶树种植历史悠久，这里山地平缓，土质肥沃，土壤中矿物质含量丰富，特别适合油茶树的生长，有'天然油库'之称。"爸爸牵起小帅的手，"走，我们过去看看。"

小帅看了看说："这个红褐色的果子好像棉铃啊。"

爸爸也看了一眼，说道："还真有点儿像呢。不过这个是油茶果，里边包着的果实是油茶籽。”

小帅仰起头疑惑地问：“爸爸，为什么它已经结果了，树上还有花朵呢？”

“这个问题太棒了！这就是油茶树的特别之处。”爸爸摸摸小帅的头，“油茶树在10月开花后，直到第二年10月果实才能成熟。所以，旧年的果实和新年的花朵可以同时存在，形成奇特的花果同株现象。”

小帅凑近花朵：“爸爸，你闻，有点香啊！”

“嗯！这就是油茶花特有的香味儿。”爸爸和小帅一起凑上去闻了闻油茶花。

小帅望向远处：“爸爸，农民伯伯把油茶果摘回去就能吃吗？”

“哈哈，儿子，油茶果不能直接吃哦！”爸爸笑着说道，“他们是把油茶果摘回去，然后把果中的油茶籽取出后榨成油来食用。”

小帅看向爸爸：“油茶果闻起来这么香，榨出来的油也一定很好吃吧？”

“油茶籽油不仅好吃，而且营养价值还特别高。它与橄榄油的营养成分相似，营养比例还略好于橄榄油，因此被誉为‘东方橄榄油’和‘油中软黄金’。”爸爸接着说道，“另外，油茶籽油不仅有预防高血压、高血脂及提高人体免疫力等保健作用，还有美容的功效呢！”

“哇，居然这么厉害！”小帅惊讶地看向爸爸。

爸爸点头继续说道：“每年清明节前后，神奇的油茶树叶就会变成一种美味的‘野果’，深受大家的喜爱。总而言之，油茶全身都是宝！”

小帅：“简直太厉害了！爸爸你再给我仔细讲讲油茶籽的故事吧。”

爸爸：“好啊，今天爸爸就让你深入认识一下神奇的油茶籽。”

博士爸爸讲油茶籽

油茶籽是多年生木本植物油茶树的果实，由油茶籽仁和籽壳组成，有梨形、橘形等不同形状。油茶树作为我国主要的木本油料作物，在我国的栽培历史长达2000年之久。

油茶树喜欢充足的阳光和水，生长在我国亚热带地区的高山及丘陵地带，主要分布于湖南、江西、广东等地，其中湖南省是主要产区之一。在国外，越南、缅甸、泰国等东南亚国家也有少量种植，还有一些国家将油茶当作观赏植物种植。

油茶树也被誉为“东方之树”。早在上古时代，就出现在人类的食谱里了。据《彭祖养道》记载，上古时期的尧帝生病，彭祖敬献了一锅野鸡汤，鸡汤中有“木果子”，也就是油茶籽。尧帝喝了鸡汤，病很快就好了。从此以后，尧帝每天都要喝一锅这样的鸡汤。尧帝在位70年，活了118岁，秘密都在油茶籽中。

除了养生，小油茶籽还救过人呢！救的是明朝开国皇帝朱元璋。一天，朱元璋被陈友谅的士兵追赶，跑到了一片油茶林里。朱元璋和老农说自己受伤了，老农在伤口处给他抹了点儿油茶籽的油，血居然止住了！就这样，老农救了朱元璋。后来，朱元璋当了皇帝，将油茶籽封为“御膳用油”。

接下来，爸爸再给你讲讲为什么我们的老祖宗这么认可油茶籽，这要源于油茶籽的一个神奇功能——榨油。说起榨油，我国不仅是世界上最早使用油茶籽油的国家，而且也是最大的油茶籽油生产国。

由压榨或萃取等方法制得的油茶籽油呈浅黄色，澄清透明，具有油茶籽油所特有的清香味道。油茶籽油不仅味道好，而且营养价值极高，含有丰富的维生素E、维生素D、胡萝卜素、磷脂、茶多酚、山茶苷等生物活性成分，有清除自由基、保护细胞膜的结构、抑制或减轻炎症等功效。同时，油茶籽油在降低胆固醇、提高血管柔韧性、预防高血压等方面，都有显著功效。此外，油茶籽油还具有美容功效，能提亮肤色、去除黑

头、美白消炎。

油茶籽全身都是宝，油茶籽仁可以用来制作油茶籽油，油茶籽壳可以用来提取糠醛（quán）、栲胶、木糖醇等，是天然的好肥料；榨油之后的饼粕，可提取茶皂素，茶皂素具有清洁、去除油腻的功效，可以用来加工洗发水、洗衣液等；提取茶皂素后的油茶籽粕，经发酵后可作为高蛋白饲料。因此，人们也把油茶籽叫“致富果”。

最后，爸爸带你读一首一位壮族诗人写的诗：

油茶籽的自白（节选）

岑启琛

霜降了
油茶籽
一颗颗身着铁甲脱离父母羽翅
争先落入大地
或钻进落叶或藏身草丛
憧憬着，来年也得生根发芽